SECCIÓN DE OBRAS DE POLÍTICA Y DERECHO

LA IDIOTEZ DE LO PERFECTO

JESÚS SILVA-HERZOG MÁRQUEZ

LA IDIOTEZ
DE LO PERFECTO

Miradas a la política

FONDO DE CULTURA ECONÓMICA

Primera edición,   2006
Primera reimpresión, 2006

Silva-Herzog Márquez, Jesús
   La idiotez de lo perfecto. Miradas a la política /
Jesús Silva-Herzog Márquez — México : FCE, 2006
   187 p. ; 21 × 14 cm — (Colec. Política y Derecho)

   ISBN 968-16-7795-1

   1. Política I. Ser. II. t

LC JL1211   Dewey 320.09 S793i

Distribución mundial

Comentarios y sugerencias: editorial@fondodeculturaeconomica.com
www.fondodeculturaeconomica.com
Tel. (55) 5227-4672 Fax (55) 5227-4694

🙂 Empresa certificada ISO 9001: 2000

Imagen de portada: *Avoir l'apprenti dans le soleil,* diabujo de Marcel
   Duchamp, 1914 Philadelphia Museum of Art: The Louise and Walter
   Arensberg Collection, 1950
Diseño de portada: Laura Esponda Aguilar

D. R. © 2006, Fondo de Cultura Económica
Carretera Picacho Ajusco 227; 14200 México, D. F.

ISBN 968-16-7795-1

Impreso en México • *Printed in Mexico*

Y se nos ha negado
la idiotez de lo perfecto.
WISLAWA SZYMBORSKA

ÍNDICE

INTRODUCCIÓN

Ofrezco aquí una mano de retratos. Ensayos sobre cinco hombres que, en la segunda franja del siglo xx, pensaron la política. No sugiero que estén aquí los cinco picos del siglo. Si el criterio fuera orográfico, muy distinta sería la galería. No los reúne una causa común, un temperamento, una desdicha. En la elección de estos bocetos se asoman, más que los rigores de un catedrático, los caprichos de un lector. Un jurista, un biógrafo, un profesor, un historiador, un poeta. Carl Schmitt, Isaiah Berlin, Norberto Bobbio, Michael Oakeshott, Octavio Paz. Ninguno de ellos, adelanto desde ahora, encaja en casilleros de ángulos rectos: un socialista desesperanzado, un conservador aventurero, un abogado que abandera la ilegalidad, un solitario con nostalgia de fraternidad, un liberal atribulado.

Si el hilo entre ellos no está en sus ideas ni en su talante, el puente que los enlaza podría encontrarse tal vez en la entidad de sus preguntas. Columpiándose entre la definición y la metáfora, en poemas y ponencias, por caminos del recuerdo o la imaginación (que según Hobbes son la misma cosa), estos autores buscaron la médula. Cada uno a su modo afrontó los misterios centrales de la política. ¿Es una espada que da sentido a la existencia o un simple entretenimiento cruel? ¿Es el mando eficaz que mueve al mundo o el espectáculo con el que encubrimos nuestra impotencia? ¿Cabeza o cola de la historia? ¿Plaza de conciliación o campo de guerra? ¿Esperanza civilizatoria o bestia indomable?

Quiero decir que la inteligencia de estos hombres no rozó la superficie. Escarbando la piel de la ley y los gobiernos, cada uno de ellos montó una mirilla para examinar las raíces de la política: la naturaleza de la historia y el poder; el sitio de la razón, el olfato, la invención; la potencia de las reglas y la voluntad; la forma de la democracia; el sitio del hombre entre otros hombres. Para alguno, la mano de la política no puede más que sujetar una granada para lanzarla al enemigo con la esperanza de destrozarlo. Para otro, la política es una pelota con la que nos entretenemos mientras el tiempo pasa. El dedo índice apretando el gatillo de un arma mortal o sosteniendo apaciblemente una taza de café. Bomba o canica, la política puede encender el dramatismo de la guerra o acoger la inutilidad del juego.

Juego o guerra, la política que dibujan estos autores es una manera de lidiar con la imperfección. No hay asomo en ellos de utopías, de paraísos perdidos o por ganar. Ningún atajo al fin de los tiempos. La política llevará siempre las marcas fastidiosas de la fuerza, el azar y el conflicto, tercos aguafiestas de la perfección.

Ciudad de México, 29 de julio de 2005

UNA CIENCIA DE LA ILEGALIDAD

¿Debemos asentarnos en la catástrofe?

ERNST JÜNGER

CARL SCHMITT nació el mismo año que Adolfo Hitler. Se encontraron alguna vez, pero nunca hablaron. El primero sentía una mezcla de desprecio y fascinación por el dictador; el segundo jamás dio importancia al hombre que se ofreció para razonar sus atropellos. Aquella ambigüedad en Carl Schmitt marcaría su vida. También su recuerdo. Desde las emociones de la razón sentía una fuerte repulsión por el hombre ignorante y tosco; despreciaba al político rudimentario que no era capaz de articular un discurso coherente. Quizá sentía también miedo por la violencia que irradiaba. Pero la agudeza de su intuición valoraba, sobre todo, la fuerza y la hondura de su atractivo. Hitler encarnaba de modo misterioso una fuerza mítica: era un hombre que, sin cálculo ni argumento, advertía la grieta que se abría bajo la tierra. Hitler era una fuerza, una energía, una llama de entusiasmo y de valor en medio de la tibia cobardía.

Unos días antes del triunfo electoral del nacionalsocialismo, Carl Schmitt publicaba un artículo en la prensa en el que anticipaba el desastre: quien colabore con los nazis estará actuando tonta e irresponsablemente. El nacionalsocialismo, argumentaba, es un movimiento peligroso que puede cambiar la constitución, establecer una iglesia de estado, disolver los sindicatos, aplastar los derechos. Menos de un año después, y por invitación de Heidegger, Carl Schmitt se afiliaba al Partido Nacional Socialista. Más que el temor por la dictadura naciente, era la ambición lo que provocaba

13

el giro. También una convicción de que las fealdades del poder son siempre preferibles a los horrores de la anarquía. Lo muestra una entrada en su diario, el día mismo que Hitler fue nombrado canciller: "Irritado y, de alguna manera, aliviado; *por lo menos una decisión*". En Hitler aparecía la esperanza de la decisión.

El día que Carl Schmitt vio a Hitler fue el 7 de abril de 1933. Se trataba de una reunión en la que el Führer presentaría su programa de gobierno. En uno de sus cuadernos personales está el registro de ese encuentro. El salón estaba repleto con los jerarcas del partido y del ejército que, con rostros de acero, observaban detenidamente al Jefe. Hitler, como un toro nervioso al entrar a la plaza, pronunció su proclama. Transcurrió media hora para que el discurso se acercara al despegue. En las notas de Schmitt, Hitler aparece como un hombre inseguro que depende obsesivamente de las reacciones de su auditorio. Como un enfermo, el orador necesitaba el respirador del aplauso. Todo el mundo lo escuchaba atentamente... y nada. Visto de cerca, el gran agitador de las masas era un oradorcillo insulso. El Führer no hizo ninguna conexión real con su auditorio, no hiló ninguna idea memorable, no encendió ningún rayo. Nada.

La decepción del abogado quedó escondida tras el cálculo del oportunista. Había que incorporarse a la pandilla triunfante. Cuatro semanas después de aquel encuentro obtenía la credencial número 2 098 860 del partido. La máscara de la devoción funcionó, por lo menos durante un tiempo. Pronto se convertiría en una pieza valiosa del aparato de legitimación nacionalista: el apóstol jurídico del nuevo régimen. El periódico oficial del nazismo lo llamó "el abogado de la Corona". La investidura no es injusta, por lo menos en la primera etapa del nazismo, cuando fungió, efectivamente, como el cerebro jurídico del fascismo alemán. Schmitt vio el nuevo orden como la oportunidad de lanzar una gran revolución jurídica que abandonase los argumentos de una "época decrépita". El objetivo era vivificar la ley, reconciliar el derecho con la justicia a través de la intervención salvadora del hombre fuerte. Si la vieja legalidad se agotaba en las escrituras de la ley, la nueva legalidad habría de reencontrar la moral (aunque aplastase la regla). Así, un golpe de Estado podría ser "rigurosamente legal" porque Hitler, al romper los estatutos, defendía el derecho vital del pueblo alemán. Era el nacimiento de una nueva legalidad.

Schmitt pretendía delinear una filosofía legal que rompiera el molde burgués y liberal del estado de derecho. Enfatizó, por ejemplo, que uno de los principios clave de aquella estructura tendría que ser demolido. Se refería a la máxima fundamental del derecho penal que establece que no puede haber castigo si no hay una ley previa que lo establezca.

> Todo mundo entiende que es un requisito de la justicia el castigar los crímenes. Aquellos que [...] constantemente invocan el estado de derecho no otorgan la debida importancia al hecho de que un crimen odioso encuentre su debido castigo. Para ellos la cuestión reside en otro principio, en el que, de acuerdo con la situación, puede conducir a lo opuesto de un castigo justo, esto es, el principio del estado de derecho: no hay castigo sin ley. Por el contrario, aquellos que piensan con justicia procuran que no haya crimen que permanezca sin castigo. Contrastaría ese principio del estado de derecho *nulla poena sine lege* contra el principio de justicia *nulla crimen sine poena:* ningún crimen sin castigo. La discrepancia entre el estado de derecho y el estado de justicia aparece inmediatamente a la vista.[1]

El Código Penal se ha convertido en la Carta Magna de los criminales, gruñe Schmitt. Las reglas no deben ser obs-

[1] Citado en Balakrishnan, *The Enemy. An Intellectual Portrait of Carl Schmitt*, Londres, Verso, 2000, p. 192.

táculo para el castigo. Una época enferma nos heredó esos principios cobardes que santifican el procedimiento y amparan el delito. Por eso es necesario sustituir la blandura de esos estatutos por la virilidad de un poder enérgico.

Quien alguna vez denunció el peligro negro del nazismo fue más allá en su defensa del nuevo régimen. Elogió las purgas que terminaban en la ejecución de disidentes como si fueran bellas fórmulas de justicia revolucionaria y promovió una purificación de la teoría jurídica alemana. No pensaba en ninguna reforma del método, sino en la necesidad de eliminar la contaminación judía. Los libros escritos por judíos debían sacarse de las bibliotecas; y si alguien pretendía hacer referencia a las ideas de un escritor judío debería señalar, como advertencia sanitaria, que se trataba de una noción proveniente del campo enemigo. Hans Kelsen, el máximo jurista del siglo, padeció particularmente los embates del comisario. Había apoyado a Schmitt para incorporarse a la Universidad de Colonia, a pesar de las diferencias que los separaban y de las duras críticas que había hecho a su obra. Tiempo después, las purgas nazis batían al fundador de la teoría pura del derecho: mientras estaba de vacaciones en Suecia, Kelsen es expulsado de la universidad. Los profesores de la Facultad de Derecho se unieron de inmediato para solicitar la reinstalación del profesor más prestigiado del claustro. El único académico que se negó a firmar la petición se llamaba Carl Schmitt. Su actitud frente a las purgas no fue la simple indiferencia con la que miró la defenestración de su antiguo promotor. Participó activamente para echarlo a la calle. Ya lo advertía el secretario de su gran amigo Ernst Jünger: "¡Cuidado con contradecir a Schmitt! Puede uno terminar en un campo de concentración!"[2]

---

[2] La expresión es de Hugo Fischer y es referida por Jean-Pierre Faye en *Los lenguajes totalitarios*, Madrid, Taurus, 1974, p. 112.

CARL SCHMITT NACIÓ EL 11 DE JULIO DE 1888 EN UNA MODESTA casa de Plettenberg, un pequeño pueblo enclavado en el centro de Alemania. Johann, su padre, era un miembro leal del partido católico que trabajaba en la estación de tren y colaboraba con la iglesia del pueblo. La madre de Carl cultivó en casa cierta nostalgia por la Francia de sus raíces. El acendrado catolicismo y los aires franceses que lo rodeaban marcaron al niño. Sus vínculos con el mundo latino le imprimieron, desde muy temprano, una suave conciencia de extranjería. "Soy romano por origen, tradición y derecho", dijo sentenciosamente en alguna ocasión.

Su inteligencia fue abriéndole las puertas del mundo. Salió del diminuto pueblo de Plettenberg para estudiar, primero en el bachillerato de Attendorn y luego en la Universidad de Berlín. En Attendorn dio los primeros pasos de su educación humanística y germinó su amor por los idiomas. Schmitt, que ya sabía francés además del alemán, aprendió ahí latín, griego, español e italiano. En 1907 llegó a Berlín para iniciar sus estudios profesionales. Había querido estudiar filología, pero se decidió finalmente por las leyes. Un tío lo había convencido de que era una profesión más rentable. El encuentro con la formidable universidad berlinesa y la imponente ciudad fue desconcertante. Berlín era la capital de sí misma, como escribiría años después Joseph Roth. Una ciudad poblada por las iglesias más horrorosas del mundo; una "ciudad sin sociedad" que, sin embargo, ofrecía todo lo necesario: gente, teatros, museos, arte, bares, comercios.[3] Para el joven estudiante, la ciudad habrá parecido un horrible y fascinante espectáculo de máquinas que convierten a los hombres en hormigas. Schmitt, como Roth, sentiría la plancha de la ciudad como un ominoso imperio tecnológico.

[3] Véase Joseph Roth, *What I Saw. Reports from Berlin 1920-1933*, Norton, 2002.

Quizá nunca lo abandonó la sensación de ser un forastero en el corazón de su país. El sentimiento, que venía de lejos, lo acompañaría siempre.

Yo era un muchacho oscuro de orígenes modestos. [...] Ni el grupo dominante ni la oposición me incluían entre los suyos. [...] Eso significaba que yo, parado enteramente en la oscuridad y desde la oscuridad misma, veía hacia un espacio resplandeciente. [...] La sensación de tristeza que me inundaba me distanciaba aún más y despertaba en otros desconfianza y antipatía. El grupo dominante trataba como extraño a todo aquel que no se desvivía por congraciarse con él. Le imponía la elección de adaptarse o excluirse. Así que permanecí afuera.[4]

Schmitt, católico en tierra de evangelistas, latino entre prusianos, se sentía como un forastero. Era un hombre bajito que no alcanzaba 1.60 m de estatura. Un solitario tímido y callado. "Mi naturaleza —escribió ya viejo— es lenta, silenciosa y tranquila, como un río quieto, como el valle de Moselle."[5] Desde ese valle francés del que provenía la familia de su madre, desde la distancia, contempló la primera Guerra. Nunca se encendió con el discurso nacionalista de la "misión alemana". Se inscribió como voluntario para la reserva de infantería pero muy pronto alegó un fuerte dolor en la espalda que lo alejó del campo de combate. Sirvió al ejército alemán desde un escritorio en Munich, censurando la propaganda extranjera.

Más que la guerra, lo conmocionó la inestabilidad tras la derrota. La guerra, en cierto modo, lo había resguardado en una oficina: desde la Comandancia General en Munich redactó su ensayo sobre el romanticismo político; desfilaba tranquilamente por las salas de universidades impartiendo

---

[4] En Balakrishnan, *op. cit.*, p. 13.
[5] Citado por Joseph W. Bendersky, *Carl Schmitt. Theorist for the Reich*, Princeton University Press, 1983, p. 5.

conferencias y dejaba la soltería. La paz de la derrota, en cambio, lo angustió. La nueva república pronto devino en caos. Su prometedora carrera como profesor de derecho se había vuelto súbitamente incierta. Schmitt padecía el desconcierto de la política, temía el contagio bolchevique y el arribo de los fanáticos nazis: sintió miedo. Quizá apareció en él la nostalgia por el periodo que acababa de terminar: la disciplina y la claridad que impone la guerra parecerían en su cuerpo preferibles a la turbulencia del desorden civil. Se acercó así a las instituciones de la nueva república buscando la forma de inyectarles un principio de orden. Escribió en ese periodo su estudio sobre la dictadura, un alegato por los poderes extraordinarios que permiten reconstituir la paz.

Entonces aparece Mussolini. La Marcha sobre Roma sacudió al temeroso abogado alemán. Desde esa jornada de octubre de 1922, el fascismo italiano ejerció una atracción inmensa sobre él. Veía en esa fuerza un potente movimiento que, al mismo tiempo que salvaba a la burguesía de la amenaza comunista, lanzaba al Estado a la conquista del futuro. Ahí se abría la puerta de la historia por venir; el fascismo contenía una nueva retórica, una nueva estética, una gran política. En la marcha de los fascistas se desplegaba escénicamente el poder de la masa, la chispa motriz de un Estado original. Mussolini es el arrojo: el diputado violento a quien pocos toman en serio hace llamados al rey para imponer el orden. Nada sucede. Entonces, tras el silencio de la tradición, inunda las calles de camisas negras y asume el control del Estado. Después de *mostrar* su poder, lo conquista. El viejo Estado, como un monumento de arena, se desmorona en un soplo. Nacía un mito seductor: un pueblo en marcha, conducido por un caudillo enérgico, se hace del poder del Estado o, más bien, se convierte en el Estado. Las viejas fronteras entre lo social y lo estatal se diluían en esa fusión de pueblo y gobierno en movimiento. "Hemos creado un mito —dijo Mussolini tras el éxito de la Marcha— y el mito es una fe, un noble entusiasmo que no necesita ser realidad; constituye un impulso y una esperanza, fe y valor. Nuestro mito es la nación, la gran nación que queremos convertir en una realidad concreta."[6]

Mussolini fue el héroe de Carl Schmitt. A diferencia del dictador alemán, Mussolini encarnaba una filosofía digna de ese nombre. O por lo menos eso era lo que pensaba Schmitt. Mussolini, el más vigoroso líder europeo tras la muerte de Lenin, no fue para Schmitt un César de caricatura, sino un líder carismático que movilizaba a una nación a través de una fe nueva, pues eso, ni más ni menos, pretendía ser el fascismo: una intensa convicción sin argumentos. Años después logró entrevistarse con el general de la cabeza rapada en el Palazzo Venezia, el edificio del siglo XVI que albergó la embajada de la república veneciana, y que después habría de ser el cuartel general del Estado fascista. Desde los balcones de ese palacio, el *Duce* pronunció sus discursos más famosos. El abogado quedó cautivado por el dictador. Hablaron de la eternidad del Estado y el carácter efímero del partido. La residencia histórica de Hegel, le dijo Schmitt a Mussolini, está aquí, en Roma. No está en Moscú, ni en Berlín: está aquí en el Palazzo Venezia. Hegel, el sacralizador del Estado, vivía en la musculatura visionaria del dictador de la inmensa quijada. Aquella conversación permanecería en la memoria de Schmitt como uno de los momentos de mayor placer intelectual en su vida, un encuentro inolvidable en cada uno de sus detalles.

En 1927 vio la luz el más polémico de los trabajos de Schmitt: *El concepto de lo político*. Siguiendo a Maquiavelo, Schmitt pretendía ver la política a los ojos, sin los rodeos del moralismo. Pocas líneas han recogido la sustancia bélica

---

[6] Héctor Orestes Aguilar, *Carl Schmitt, teólogo de la política*, México, FCE, 2001, p. 73.

que anima la política como la que abre el segundo apartado de este ensayo: "La distinción política específica, aquella a la que pueden reconducirse todas las acciones y motivos políticos, es la distinción de amigo y enemigo".[7] La guerra no es el abismo en el que puede caer la política; la guerra es el pozo del que brota, el pozo en el que nada, el pozo del que nunca sale. El político socialdemócrata Ernst Niekish leyó *El concepto de lo político* como la respuesta burguesa a la teoría marxista de la lucha de clases. En efecto, como Marx, Schmitt estaba convencido de que el conflicto era el motor de la historia, pero, a diferencia del filósofo materialista, no atribuía a la conflagración económica ningún privilegio sobre el paso de la historia. La historia, que no podrá librarse jamás de la política, necesita la figura del enemigo y el motor de la guerra. Pero ese enemigo puede ser el enemigo económico, de raza, de tribu, de nación. Sugiere Jacques Derrida que esta idea fija de la enemistad como raíz de lo político proviene de un miedo: la amenaza de lo invisible, la angustia por el enemigo fantasma. En uno de sus cuadernos personales, Schmitt lo revela con toda nitidez:

> Franz Kafka pudo haber escrito una novela: *El enemigo*. Entonces habría sido claro que la indeterminación del enemigo provoca angustia (no hay otro tipo de angustia, y es su esencia el sentir un enemigo indeterminado); por contraste, es deber de la razón (y en este sentido de la alta política) determinar quién es el enemigo [...] y con esta determinación, la angustia termina; si acaso, subsiste el miedo.[8]

La guerra calma el apetito de certidumbre. En la batalla, el fantasma adquiere cuerpo: es el enemigo concreto por

---

[7] Cito de la versión de *El concepto de lo político* de Rafael Agapito, Madrid, Alianza Editorial, 1991, p. 56.

[8] Véase Jacques Derrida, *Politics of Friendship*, Londres, Verso, 1997. La cita de Schmitt se encuentra en Balakrishnan, *op. cit.*, p. 113.

aniquilar. La angustia cede cuando el enemigo aparece ya en la mirilla.

Un año después de la publicación de su ensayo sobre lo político, Schmitt se incorporó a la Universidad de Berlín. Ahí, en el corazón de la República de Weimar fue testigo de la parálisis política, la depresión económica, el desempleo masivo, la violencia callejera. El pluralismo se volvía paralítico. En esa atmósfera, el profesor defiende la urgencia del imperio presidencial. Argumentaría que esa exigencia coincidía plenamente con el mandato de la ley. El presidente —no el tribunal supremo como querían los liberales— debía ser el verdadero defensor de la constitución. Fue entonces que el maestro comenzó su compleja relación con el poder. En tiempos de crisis, los razonamientos de Schmitt parecían la balsa salvadora: el presidente debía romper el cerco parlamentario y asumir poderes dictatoriales. El Ejecutivo, sostenía, era la médula del Estado contemporáneo. No podía haber duda: el monopolio más importante de todos, el monopolio de las armas le pertenece en exclusiva a él.

Schmitt era un republicano antiliberal. Creía que la manera de salvar a la república amenazada era robusteciéndola con permisos, no asfixiándola con limitaciones. Sostuvo además que los partidos anticonstitucionales (pensaba entonces en los comunistas y los nacionalsocialistas) no debían tener oportunidad de destruir la república. En 1930 afirmaba que el Estado no podría permanecer impasible ante los grupos que se organizaban para destruirlo. La neutralidad frente a los fanáticos sólo puede ser calificada de suicida.

Entonces tropezó con Hitler. Las notas de su diario en la víspera del triunfo nazi lo muestran angustiado, amargado, triste. La república se apagaba y parecía inevitable el triunfo de los furiosos. Como señala su biógrafo más solvente, Schmitt habrá expresado ideas que contrariaban el imperio estricto de la ley, pero nunca deseó el fracaso del orden constitucional. Simpatizaba ciertamente con la agenda de la extrema derecha, pero imaginaba que su realización era posible dentro del marco constitucional.[9] Le irritaba la victoria de Hitler, pero pronto pensó que el nacionalsocialismo podría ser la solución al caos. Hitler estaba decidido a decidir. Por eso Schmitt abraza el nuevo orden. Una combinación de impulsos emocionales e intelectuales lo acerca al nazismo. La ambición y el oportunismo habrán jugado un papel importante. También la certeza de que el caos reinante recomendaba la alianza con quien se ofrecía como verdugo del liberalismo.

No le fue difícil embonar sus ideas con la propaganda del nuevo régimen. Apenas se vio obligado a esconder algunos cuantos artículos periodísticos. El resto de sus trabajos sintonizaba con los cantos fascistas. No tuvo que torcer sus escritos principales para colorearlos con la retórica hitleriana. La noción bélica de la política, el acento en la coacción ejecutiva, la desconfianza en la deliberación parlamentaria y la neutralidad judicial provienen de sus escritos previos. En la era nazi proyectó todas estas ideas para bosquejar una nueva filosofía del derecho. La inserción del jurista no deja de ser sorprendente: Schmitt era católico, se había opuesto públicamente a los nazis. Era un forastero. Pero había formado un prestigio como un abogado de ideas nuevas. Por eso fue llamado a discutir la ley que habría de legitimar la subordinación de todas las instituciones políticas y sociales a los dictados del partido.

Poco tiempo después fue bautizado como el "abogado de la Corona". En efecto, como consejero de Estado, defendió todos los actos del nuevo régimen. Los asesinatos de la noche de los cuchillos largos, el sangriento bautismo del terror hitleriano, fueron aplaudidos por Schmitt como dignas expresiones de justicia revolucionaria. Revisó su edición de *El concepto de lo político* para eliminar sus referencias al

---

[9] Véase el capítulo 12 de la biografía de Balakrishnan.

marxismo y para incorporar el vocabulario reinante. Sus textos se volvieron antisemitas. En el más abyecto de sus textos ensalza a Hitler como el arquitecto de la nueva legalidad. En él viven todas las experiencias de nuestra historia. Eso le da la fuerza y el derecho para fundar un nuevo orden. Los actos del jefe no están sometidos a la justicia porque son, en sí mismos, la más alta justicia. Nadie mejor que él para fijar el contenido y los alcances de su poder.[10]

De poco le serviría la zalamería. En realidad nunca ocupó una posición verdaderamente relevante dentro del cuadro dirigente. Fue utilizado y desechado por el régimen nazi. Muy pronto, el ingenio jurídico de Schmitt se volvió prescindible. Estos hombres odian más a los abogados que a los judíos, diría tiempo después. Ahí estaba otra diferencia importante con el fascismo italiano que mimó a los intelectuales de la derecha. Además, los hombres de uniforme nunca lo aceptaron plenamente. Era visto como un marrano, un converso poco confiable. Para 1934 empezaba a recibir críticas de los más duros defensores del régimen. Se le acusaba de ignorar los fundamentos biológicos de la política, de postular una idea de nación incompatible con la comunidad racial defendida por Hitler.[11] La estrella del "abogado de la Corona" empezaba a menguar. Ahora era sospechoso, un apestado. Un diario sintetizaba su opción: huir o esperar el campo de concentración. Schmitt volvía a sentir miedo. Se quedó en Alemania hasta que cedió la ola de ataques. Perdió sus privilegios en el partido pero ganó cierta tranquilidad. A partir de entonces optó por el silencio. Nunca más pronunciaría una palabra sobre la política alemana. Se refugió en el campo del derecho internacional y se escondió en la oscuridad.

---

[10] El texto de Schmitt está recogido en la compilación de Héctor Orestes Aguilar como "El Führer defiende el derecho".

[11] Véase la biografía de Bendersky, p. 222.

En 1945, el ejército ruso tomó Berlín y arrestó a Carl Schmitt en su casa. Permaneció en la cárcel cerca de dos años. Robert Kempner, un abogado que había emigrado de Alemania, se encargó de interrogarlo en Nuremberg. Le interesaba descubrir si existía alguna liga de complicidad con los crímenes del nazismo.

SCHMITT: Eso siempre sucederá cuando alguien toma una postura en una situación como esa. Soy un aventurero intelectual.

KEMPNER: ¿La aventura intelectual está en su sangre?

SCHMITT: Sí, y de esa forma surgen los pensamientos y las ideas. Asumo el riesgo. Siempre he pagado mis cuentas, nunca he sido un incumplido.

KEMPNER: ¿Y cuando lo que usted llama la búsqueda del conocimiento termina en el asesinato de millones de personas?

SCHMITT: El cristianismo también terminó en el asesinato de millones de personas. Pero uno no lo entiende hasta que lo ha vivido.

Schmitt rehúye cualquier consideración moral sobre su conducta. Desde entonces se identifica con Benito Cereno, el personaje central de una novela de Melville. Cereno, capitán de un barco, es tomado prisionero por esclavos que se rebelan. Obligado por los rebeldes, el capitán conduce la embarcación y es visto por las otras embarcaciones como el guía pero es en realidad un rehén que sigue las órdenes de sus captores. Así se presenta Schmitt: una inteligencia secuestrada por la tiranía.

Años después escribiría *Ex Captivitate Salus,* un poema autobiográfico:

Yo he experimentado del destino los golpes,
victorias y derrotas, revoluciones y restauraciones,

inflaciones, deflaciones, destructores bombardeos,
difamaciones, cambios de régimen, averías,
hambres y fríos, campos y celdas.
A través de todo ello he penetrado
y por todo ello he sido penetrado.

Yo he conocido los muchos modos del Terror,
el Terror de arriba, el Terror de abajo,
Terror en la tierra, en el aire Terror,
Terror legal y extralegal Terror,
pardo, rojo, y de los cheques Terror,
y el perverso, a quien nadie osa nombrar.
Yo los conozco todos y sé de sus garras.
…
Yo conozco las caras del Poder y del Derecho,
los propagandistas y falsificadores del régimen,
las negras listas con muchos nombres
y las tarjetas de los perseguidores.
¿Qué debo cantar? ¿El himno Placebo?
¿Debo abandonar los problemas para envidiar a plantas
    y fieras?
¿Temblar en pánico en el círculo del pánico?
¿Feliz como el mosquito que despreocupado salta?[12]

Retirado de la vida pública, Carl Schmitt emprende el proyecto de su reivindicación. Nunca pudo volver a dar clases en las universidades alemanas. Las puertas se le cerraron. Regresó a Plettenberg, su pueblo natal. A su refugio lo rebautizaría como San Casiano. El nombre obedecía a dos razones. Por una parte era una referencia al asilo de Maquiavelo en tiempos de desgracia, donde redactaría los veintiséis capítulos de *El príncipe*. San Casiano era también,

---

[12] *Ex Captivitate Salus*, citado por Enrique Tierno Galván en *Revista de Estudios Políticos*, vol. XXXIV, año X, núm. 54, 1950.

como bien sabía el católico alemán, el mártir que murió acribillado por sus propios alumnos con los instrumentos que les había enseñado a usar.

San Casiano se convirtió en la capital de su vasta república epistolar. Con enorme cuidado, a través de cientos de cartas con intelectuales europeos y americanos, Carl Schmitt fue tejiendo una extensa red de corresponsales con los que pretendía reivindicar sus posiciones. Si la universidad y la prensa le estaban vedadas, la oficina de correos seguía abierta para él. Las puertas de su casa también se abrían a los visitantes que quedaban maravillados por la generosidad y la suavidad en el trato de este hombre que trató de instaurar la "soberanía del odio".

Como señala Jan Werner Müller en un estudio reciente, quizá no ha habido ningún pensador del siglo xx que haya tenido un arco tan amplio de lectores.[13] Interlocutor de Hannah Arendt, héroe de golpistas latinoamericanos, ideólogo del franquismo, inspiración de los marxistas italianos y de la nueva derecha de finales del siglo xx, lectura de los líderes estudiantiles del 68 y de los escritores posmarxistas. ¿Quién podría igualar la anchura de su convocatoria?

LA VIDA DE CARL SCHMITT PUEDE VERSE A TRAVÉS DEL CRISTAL DE una amistad. En Ernst Jünger encontró a un compañero de viaje y de vida. Se conocieron en 1930 en Berlín. Cuatro años después se harían compadres. Al momento de conocerse, cada uno era, a su modo, un personaje de la vida intelectual alemana. Schmitt era reconocido como una autoridad en el campo de la jurisprudencia, el autor de ensayos polémicos sobre el romanticismo, los orígenes teológicos de los poderes de emergencia y la naturaleza irremediablemente bélica de la política. A Jünger, siete años menor que

---

[13] *A Dangerous Mind. Carl Schmitt in Post-War European Thought*, New Haven, Yale University Press, 2003.

Schmitt, lo envolvía una fama aún mayor. No era simplemente un escritor talentoso: era un héroe de guerra. Tenían muchas cosas en común. Ambos eran aventureros y solitarios; compartían la preocupación por el destino de Alemania, una fascinación por la guerra, los mitos y los libros. Pero Jünger no era devoto de las bibliotecas, sino partidario de la intensidad vital que sólo ofrece la experiencia. Había ingresado al ejército en 1914 para participar en el frente de Francia, fue herido catorce veces y recibió la orden al mérito, por su valor en el campo de batalla. *Tempestades de acero*, el libro que redactó mientras combatía, se convirtió en una de las cumbres de la literatura bélica. André Gide lo leyó como el más hermoso libro de guerra; un testimonio inigualable por la perfección de estilo, su veracidad y la contundencia de su honradez.

Aunque sus retratos de guerra eran admirados por los seguidores de Hitler y por el mismísimo líder, él rechazaba la demagogia plebeya de los nacionalistas. Se cuenta que Goebbels le ofreció una diputación antes del triunfo de los nazis. Jünger respondió desde las alturas de la aristocracia poética que un buen verso valía más que los votos de ochenta mil idiotas. En un tiempo glorificó la guerra como una experiencia estética. Intuyó el totalitarismo, fue protegido de Hitler, nunca creyó en la democracia liberal. Aquella fascinación por el fuego lo unía estrechamente a Schmitt. La guerra colocaba al hombre frente a la sublime emoción del precipicio: la embriaguez de la situación límite, la helada caricia del vacío, el escape de la insoportable normalidad. "Crecidos en una era de seguridad, sentíamos todos un anhelo de cosas insólitas, de peligro grande."[14] La guerra ofrecía esas cosas grandes, fuertes, espléndidas. La guerra era un éxtasis apenas comparable al encantamiento del santo, la poesía y el amor:

---

[14] *Tempestades de acero*, Madrid, Tusquets, 1993, p. 5.

El entusiasmo arrebata la hombría más allá de sí misma hasta que la sangre salta hirviendo contra las membranas y el corazón se derrite en espumas. Es una embriaguez que supera a todas, liberación que salta todos los vínculos. Un furor sin respeto ni barreras, sólo comparable a la violencia de la naturaleza. El hombre está ahí como la tormenta rugiente, el mar que brama y el trueno que muge. Allí está fundido en el todo, se estrella contra las oscuras puertas de la muerte como un tiro en el blanco. Y las olas lo sepultan purpúreas: de modo que, ya hace tiempo, no le queda la conciencia del tránsito. Es como si una ola lo arrastrara de nuevo al mar tempestuoso.[15]

Olas que, al estallar, revelan al hombre auténtico. Allí, en "la danza de las cuchillas afiladas", en el hilo que separa la vida de la muerte, se muestra el hombre y su sentido: la lucha. "¡El bautismo de fuego! El aire se cargaba de un caudal de hombría tal que daban ganas de llorar sin saber por qué." El combatiente en las trincheras está marcado por la angustiosa palpitación de la incertidumbre, por el rumor de su propia muerte. La guerra regresa al soldado a los tiempos en que la vida cuelga entre desgracias. Cada hilo de aire que penetra en el cuerpo es un don divino, un regalo que se goza como el vino más exquisito. La guerra es para Jünger, por lo menos este Jünger de sus cuadernos juveniles, una experiencia mística, contacto con el absoluto que imprime sentido a la existencia. Es también la más intensa experiencia estética. El fuego de la artillería es una danza salvaje, un baile de colores en el que las llamaradas se entrelazan con nubes blancas, negras y amarillas. Las detonaciones, escribe Jünger en alguna página de sus diarios, recuerdan el canto de los canarios.

Quizá sea cierto lo que dice Claudio Magris sobre el tra-

---

[15] *La guerra como experiencia interior,* citado por Christian Graf von Krockow, *La decisión. Un estudio sobre Ernst Jünger, Carl Schmitt y Martin Heidegger,* México, Ediciones Cepcom, 2001, p. 86.

to de Jünger con lo terrible. Hay en su prosa una especie de ostentación, un alarde de sangre fría.[16] Lo cierto es que no trató de enfundar las desgracias del siglo en terciopelo. Uno de sus mayores orgullos fue su colección de escarabajos, en la que había cerca de 50 000 especies. Tal vez el máximo homenaje que se le tributó fue bautizar a una mariposa de Pakistán con su nombre: *Trachydura jüngeri*. En el mundo infinito de los insectos, Jünger encontró una joyería natural y fantástica. En los escarabajos, seres diminutos de piel acerada, encarna lo exquisito y lo monstruoso. El sabio coleccionista de coleópteros se encierra en su estudio, enfoca la mirada, se detiene a observar lo que para otros es invisible o repugnante y anota con todo detalle lo que su ojo reporta. Los hombres y los insectos son atrapados de igual manera por el dardo exacto de su mirada.

Jünger coqueteó muy pronto con el nacionalsocialismo pero, al momento en que Hitler asumió el poder, se distanció de los nazis y se vinculó con círculos opositores. En 1933, cuando Kniébolo (el nombre que Hitler recibe en sus escritos) asumió el poder, se alejó de Berlín. Optó por la "emboscadura". Corrió al bosque para proclamar su voluntad de depender solamente de sí mismo.[17] El recorrido de Schmitt fue inverso. Después de haber asesorado al último gobierno constitucional y haber expresado su desconfianza frente a los extremistas se volcó a respaldar al nuevo régimen. Su posición frente a los judíos retrata la divergencia emocional o, quizá, moral de los compadres. En tiempos de Weimar, Jünger estuvo muy cerca del antisemitismo radi-

---

[16] Claudio Magris, "Venerable sí, grande no", *El mundo*, 18 de febrero de 1998.

[17] "Mediante la emboscadura proclamaba el hombre su voluntad de depender de su propia fuerza y afirmarse en ella sola", *La emboscadura*, Barcelona, Tusquets, 1993, p. 80.

cal, mientras el profesor Schmitt tenía buenas relaciones con colegas y discípulos judíos. Cuando Hitler asume el poder, Jünger desprecia el racismo vuelto doctrina, mientras que Schmitt pretende retratarse como un antisemita ejemplar.

Ese cruce de caminos hizo que el afecto entre los compadres se nublara con desconfianza. Sin embargo, el hilo de su conversación epistolar nunca se rompió. Jünger, que vio el error de Schmitt al colaborar con los fascistas, encontraba sin embargo una erótica en la inteligencia de su amigo. Así lo registraba después de conversar con él. En la entrada del 17 de julio de 1939 de su diario, anotó lo siguiente:

> Lo que en C[arl] S[chmitt] me ha llamado desde siempre la atención es la buena factura y el orden de sus pensamientos; producen la impresión de un poder que está ahí presente, de un poder presencial. Cuando bebe se torna todavía más despierto, está sentado inmóvil, con un tinte rojo en la cara, cual un ídolo. [...] Lo adorable de Carl Schmitt, lo que incita a quererlo, es que aún es capaz de asombrarse, pese a haber sobrepasado los cincuenta. La mayoría de las personas, y ello ocurre muy pronto en la vida, acoge un hecho nuevo tan sólo en la medida en que guarda relación con su sistema o con sus intereses. Falta el gusto por los fenómenos en sí mismos o por su diversidad —falta el *eros* con el que el espíritu acoge una impresión nueva como se acoge un grano de semilla.[18]

Schmitt y Jünger estaban hermanados por otra fuerza: la intuición de la catástrofe. ¿Habrá que abandonar los sueños del sosiego y aprender a dormir en el lomo de la catástrofe? La calamidad es la sombra que nos acompaña. Las luces de la modernidad lejos de disiparla, la ennegrecen. En

---

[18] Ernst Jünger, *Radiaciones. Diarios de la Segunda Guerra Mundial*, Barcelona, Tusquets, 1995, pp. 56-57.

el intenso intercambio epistolar de los amigos, hay una imagen que aparece una y otra vez: el *Titanic* hundiéndose en las aguas heladas del Atlántico. Es que el miedo, la pasión originaria de Hobbes, era para ambos el síntoma de la modernidad. En el casco destrozado del *Titanic* chocan el progreso y el pánico; la comodidad y la destrucción; la ingeniería y el desastre. Ahí vivimos.

CUALQUIER ACERCAMIENTO AL PENSAMIENTO DE CARL SCHMITT debe tomar nota de su estilo. La prosa de Schmitt está muy lejos del academicismo. Distante de la frialdad de su maestro Weber, lejano de la rigurosa sequedad de Kelsen, su aborrecido enemigo intelectual, Schmitt escribe con la contundencia del erudito y la emoción del panfletista; con la ambición del teórico y la magia del aforista; sus frases se columpian entre las minucias de un abogado y las abstracciones de un esotérico. En su prosa, la expresión no es un vehículo que transporta gratuitamente el pensamiento. El estilo secuestra con frecuencia el razonamiento. Mejor: lo seduce. Y también envuelve al lector. La prosa febril de Schmitt, señala Stephen Holmes, imprime tal dramatismo a las palabras que cualquier minucia constitucional parece determinar el destino del hombre.[19]

Como Hobbes, Carl Schmitt entiende que la reflexión política no puede ser mera ciencia; ante todo, es un acto. Hacer inteligible el mundo del poder a través de la palabra es rehacerlo. El caso de Hobbes es revelador porque el Estado que funda pretende descansar en una estricta disciplina de la definición. Si la guerra es confusión, la paz se encuentra en la voz precisa. Del pleito por las palabras, de la ausencia de significados comunes, del vacío de entendimiento

---

[19] Stephen Holmes, *The Anatomy of Antiliberalism*, Cambridge, Harvard University Press, 1993.

surge la guerra. Por eso en la filosofía de Hobbes es inaceptable la metáfora: fraude de palabras. Resulta, sin embargo, que el sabio de Malmesbury es, junto con Platón, el más fértil de los creadores de imágenes políticas. No hay que pensar más que en el monstruo que da nombre a su tratado clásico y en la figura que aparece en el frontispicio de su obra. Hobbes se ve obligado a dibujar alegorías sobre el poder, la ley, el hombre. Es la maldición de la metáfora. Ni quien le declaró la guerra pudo librarse de ella.

El diccionario de Schmitt es una pinacoteca. Las alegorías desfilan por todo el arco de sus escritos. El cuadro de la política es un lienzo que representa la guerra de los enemigos. El soberano es retratado como el hombre que se mantiene en pie cuando todo se ha desplomado: quien decide en la excepción. Democracia es el cuerpo que funde gobernantes y gobernados. La constitución es decisión. El liberalismo es la cobardía del comerciante, la palabrería del polemista, el entretenimiento de los brutos. Como muestra esta colección, Schmitt no ensambla conceptos con las tuercas de la lógica; dibuja imágenes con los encantos de la metáfora. Los grandes pintores, escribe, no muestran solamente cosas bellas: expresan una conciencia que ubica las cosas en su sitio: aquí el ojo, allá el brazo; azul en esta parte; verde un poco más abajo: "el verdadero pintor es un hombre que ve las cosas y las personas mejor y con más exactitud que los demás hombres, con mayor exactitud sobre todo en el sentido de la realidad histórica de su tiempo".[20] Eso quiere ser Carl Schmitt: el gran pintor del poder, la conciencia política de su época.

Me concentro en la primera imagen: lo político. Éste es, sin duda, el centro nervioso de la teoría política de Carl Schmitt. Todo su pensamiento emana de las líneas de *El*

---

[20] Carl Schmitt, *Tierra y mar. Consideraciones sobre la historia universal*, Madrid, Estudios Políticos, 1952, pp. 71-72.

concepto de lo político, y su pensamiento regresa tarde o temprano a esos párrafos. Apareció en septiembre de 1927 como un artículo de apenas 33 páginas. Tiempo después crecería, pero no mucho. Hasta en su última revisión en 1963 se mantendría como un ensayo breve: una bomba portátil. Es Jünger quien primero advierte el carácter explosivo de este texto: "una mina que explota silenciosamente", lo llama. La descarga se encuentra en la segunda sección del ensayo: "La distinción política específica, aquella a la que pueden reconducirse todas las acciones y motivos políticos, es la distinción de amigo y enemigo".[21] Si el territorio moral traza una distinción esencial entre lo bueno y lo malo, si el espacio estético permite distinguir lo bello y lo feo, los dominios de la política se constituyen por la distinción entre amigos y enemigos. La amistad y la enemistad pueden provenir de cualquier ámbito de la vida humana. La diferencia se volverá política cuando se intensifique al grado máximo. El conflicto adquiere ese carácter al convertirse en un antagonismo irreductible: la aniquilación del enemigo se vuelve condición de sobrevivencia. El conflicto ha alcanzado el extremo: no puede existir un tercero que intervenga para conciliar las posiciones, no hay regla que valga. Los enemigos están en guerra.

Lo repite el lugar común: la vida es una lucha. Pero la dimensión política de este choque no es la vaga representación de un esfuerzo que vence resistencias; es, ni más ni menos, un conflicto que puede desembocar en la muerte: "Los conceptos de amigo, enemigo y lucha adquieren su sentido real por el hecho de que están y se mantienen en conexión con la *posibilidad real de matar físicamente".* Llamamos política, pues, a la más radical de las oposiciones entre los hombres, una oposición marcada por la sombra de la muerte.

Pero, como bien advierte Giovanni Sartori, el argumento

---

[21] *El concepto de lo político, op. cit.,* p. 56.

de Schmitt carece de prueba. A pesar del dramatismo hobbesiano, *El concepto de lo político* es una lombriz que se muerde la cola. Se trata, en efecto, de un argumento circular: "todo lo que se reagrupa en amigo-enemigo es político; todo lo que no se reagrupa de este modo no lo es y lo que es político borra lo no político".[22] Schmitt, impulsado por la ilusión de construir una teoría pura de la política, pretende atrapar su átomo elemental, cazar su esencia. El problema es que la búsqueda del núcleo termina por perder buena parte de la cosa. Todo consenso, todo acuerdo, cualquier conciliación es tildada de antipolítica. Como observa atinadamente Sartori, Schmitt habla solamente de la "política caliente", pero ignora la "política tranquila". Frente a la dimensión conflictiva de la política, se levanta la no menos importante dimensión del consenso. Maquiavelo, que también gustaba de las metáforas y de los mitos, retrataba la política como un centauro: mitad bestia, mitad hombre. No hay estado sin ejército, no hay política sin violencia. Pero tampoco hay política que sea pura violencia, puro conflicto, enemistad pura. Tan falsa es la política sin conflicto como la que es sólo conflicto.

Cuestionable en términos lógicos y metodológicos, la evocación schmittiana es eficaz. Schmitt lo sabe bien. En *Romanticismo político* cita al poeta italiano Giovanni Papini: "Cuando nos preocupan los fenómenos a gran escala y los movimientos colosales nada hay más preciso que una palabra vaga".[23] La precisión política de la vaguedad conceptual. Y es que Schmitt entiende los conceptos como dardos para la lucha. Más que instrumentos de exactitud, armas. Todo concepto, escribe Schmitt, tiene un sentido polémico: nace frente a un antagonismo concreto. Las palabras de la

[22] Giovanni Sartori, "Política", *Elementos de teoría política*, Madrid, Alianza Editorial, 1992, p. 220.

[23] Papini, *El crepúsculo de los filósofos*, citado en *Political Romanticism*, Cambridge, Massachusetts, MIT Press, 1986, p. 7.

política no significan nada si no se comprende a quién combaten. De ahí que valga la pena preguntar por el sentido polémico de su imagen de lo político.

Es obvio: lo político nace para refutar lo antipolítico. Pero, ¿dónde está la antipolítica? En el liberalismo. La noción schmittiana de lo político es la olla que recibe su furia antiliberal. El liberalismo, según Schmitt, ignora la política. Se refugia en los juicios éticos y en los cálculos económicos. Bajo ese horizonte no hay enemigos ni decisiones: hay socios, adversarios, competidores. El liberalismo no llama a la definición. Es el reino de los mecanismos impersonales: la ley, el mercado, la discusión. La justicia es expresada por reglas generales, el precio es determinado naturalmente por la competencia, la verdad se alumbra en el debate libre. Pero no hay conflictos ni duras decisiones. Así es como se niega la política. Donde José Ortega y Gasset encuentra la noble generosidad del liberalismo (la determinación de vivir con el enemigo), Schmitt ve cobardía, vacuidad.

El ensayo de Carl Schmitt sobre lo político, más que la exploración didáctica de un vocablo, resulta un áspero panfleto contra el liberalismo. Aquí aparecen con plena nitidez las razones de su abominación: el horizonte burgués de los liberales convierte el mundo en un negocio, hace de la política un parloteo banal, enaltece la cobardía de los indecisos. Atrapado en la helada maquinaria liberal, la vida del hombre transcurre apasible y mediocremente sin ningún propósito y sin ningún sentido. Después de todo, Schmitt era un gran admirador de Tocqueville, a quien no duda en calificar como el máximo historiador del siglo XIX. Hombre de mirada dulce, clara y siempre triste, Tocqueville es un "vencido que acepta su derrota". El antiliberal ensalzando al gigante del bando contrario; el místico de la decisión honrando al Hamlet de la política. Si Tocqueville es admirado por Schmitt es porque el *vencido* logró ver el agujero que es el liberalismo. Ahí está el genio de su mirada triste.

Sin enemigo que afirme nuestra vida, vegetamos sin propósito alguno. La noción que podríamos llamar trágica de la política proviene así de un hambre de sentido. La lucha que amenaza nuestra sobrevivencia asigna significado al mundo: nosotros contra ustedes; el bien contra el mal; amigos contra enemigos. El hombre está necesitado de causas que lo levanten del suelo, que lo saturen de emoción, que otorguen gravedad a su existencia. El hombre necesita afirmar la seriedad de la vida. Para Schmitt se trata de una humana inclinación por la tragedia. Sólo en la confrontación con el enemigo mortal la vida aparece en toda su grandeza, en toda su seriedad. Lo describió mejor Theodor Däubler, amigo de Schmitt, en un poema:

> El enemigo es el cuerpo de nuestra propia pregunta
> Y nos acecha, como nosotros a él, con el mismo fin.[24]

La interrogante sobre nosotros mismos apunta al cuerpo de quien amenaza nuestra sobrevivencia. La mecánica de lo político resulta entonces constitutiva de la individualidad. Para ser hombres debemos escuchar el llamado que nos confronta con la disyuntiva: el bien o el mal, nosotros o ustedes, Dios o Satanás. Esta opción es la raíz. La idea del pecado original es crucial en la teología política de Schmitt. El mundo de los hombres se rompe en enemistades primordiales. El católico entiende que la semilla de la política está en la caída. La enemistad a la que estamos condenados es consecuencia del pecado. Está enunciado en el libro del Génesis: "Y enemistad pondré entre ti y la mujer, y entre tu simiente y la simiente suya". Por la desobediencia, la humanidad no puede ser una: el hombre se ha convertido en enemigo del hombre. La humanidad ha dejado de ser. Lo decía Schmitt,

---

[24] En Heinrich Meier, *The Lesson of Carl Schmitt*, The University of Chicago Press, 1998. Aquí sigo la interpretación de Meier sobre los rasgos teológicos de la filosofía política de Schmitt.

haciendo eco a una vieja idea de De Maistre: "quien dice *humanidad* pretende engañar".[25] La etiqueta zoológica de humanidad es una impostura porque los descendientes de Adán viven en irremediable hostilidad. Y el hombre es incapaz de producir por sí mismo la reconciliación con el hombre. Sólo en Dios podría haber humanidad. Mientras tanto, guerra. Política.

CARL SCHMITT CELEBRÓ SUS CINCUENTA AÑOS HOMENAJEANDO A Thomas Hobbes. El día de su cumpleaños, el 11 de julio de 1938, firmó el prefacio a su ensayo sobre el *Leviatán*. Mi compañero de celda, dijo tras la caída de Hitler, fue Thomas Hobbes. A Schmitt se le llamó "el Hobbes del siglo XX". La equivalencia es, a mi juicio, equivocada. En el pesimismo antropológico, en el protagonismo del miedo como impulso central de la política, en su reclamo por la conformación de un poder sin restricciones, en su odio por el pluralismo, en su decisionismo, los dos pensadores se acercan. Schmitt se refirió siempre con gran admiración al autor del *Leviatán* a quien describió en la primera edición de su *Concepto de lo político* como el más grande y quizá el único pensador político verdaderamente sistemático. Schmitt, a fin de cuentas, se sentía personalmente identificado con la leyenda de Hobbes. Nos cubrirá la misma sombra, vaticina. El terror une los destinos de Schmitt y Hobbes. El ácido del miedo está presente en ambas tintas. Pero hay muchas dimensiones teóricas que los separan. Si es cierto que ambos ven el problema político desde la óptica del poder y articulan razonamientos para edificar una fuerza imponente, es cierto también que lo hacen con propósitos diametralmente opues-

---

[25] "La 'humanidad' resulta ser un instrumento de lo más útil para las expansiones imperialistas, y en su forma ético-humanitaria constituye un vehículo específico del imperialismo económico", en *El concepto de lo político, op. cit.*, p. 83.

tos. Thomas Hobbes alimenta a su monstruo con el propósito de que asegure la paz. Carl Schmitt, por el contrario, busca un Estado que militarice la sociedad. En la teoría hobbesiana se abriga la esperanza de que el Estado serene la política, que el conflicto se congele en la soberanía estatal; en la teoría schmittiana se combate apasionadamente la posibilidad de que esa tranquilidad se realice. En términos schmittianos, Hobbes es el más antipolítico de los teóricos de la política porque sueña con la calma del Estado pacificador: un absolutista con fibras liberales. Hobbes, en efecto, proyecta el artefacto de la paz que permita el florecimiento de la vida tranquila, del comercio, la ciencia, el arte. El pacto en el que se asienta la civilización.

Para Schmitt ese mundo sin conflicto es un circo sin sentido, una feria de diversiones, un mundo sin seriedad. La paz es necesaria para la sobrevivencia, dice Hobbes; la guerra es necesaria para la existencia verdadera, respondería Schmitt. El Estado para Schmitt da sentido a la muerte: es la instancia que exige el sacrificio. Bien ha descrito estos impulsos opuestos uno de los más agudos lectores de Schmitt, Leo Strauss: "Mientras Hobbes, en un mundo iliberal, elabora la fundamentación del liberalismo, Schmitt realiza, en un mundo liberal, la crítica del liberalismo".[26]

El antiliberalismo de Schmitt es, según él mismo, democrático. La democracia marcha triunfalmente. Y el realismo del oportunista se impone. La democracia, sostiene Schmitt, es esencialmente antiliberal. El abogado insiste en el antagonismo: la democracia es identidad entre gobernantes y gobernados. Supone, necesariamente, homogeneidad. "El poder político de una democracia estriba en saber eliminar o alejar lo extraño y desigual, lo que amenaza la homogeneidad." La democracia excluye lo ajeno, el libera-

---

[26] El análisis de Strauss de la obra de Schmitt puede leerse en Heinrich Meier, *Carl Schmitt and Leo Strauss. The Hidden Dialogue,* The University of Chicago Press, 1995.

lismo pretende conciliarlo: hay pues una contradicción insuperable "entre la conciencia liberal del individuo y la homogeneidad democrática".[27] La noción schmittiana de la democracia es claramente antiliberal, antipluralista, anticonstitucional. Una noción rousseauniana, pues. Carl Schmitt, ¿el Rousseau del siglo xx?

AL ESCRIBIR EN 1923 SU ENSAYO SOBRE EL PARLAMENTARISMO, Schmitt argumenta que el gobierno representativo está herido de muerte. Se ha vuelto una máscara. Sus fundamentos intelectuales —la deliberación pública y el equilibrio de poderes— no corresponden con la realidad. El parlamentarismo moderno no termina con el secreto ni logra dispersar el poder. Impide perversamente la identidad entre gobierno y sociedad. Por ello, la única forma de reconstituir un régimen democrático es purgarlo de sus rasgos liberales. Prensa libre, voto secreto, organización de la oposición, autonomía de los grupos sociales son bacilos liberales que destruyen la "unidad emocional" de la democracia. La dictadura es el auténtico vehículo de la unidad popular. Su expresión es la voluntad del pueblo expresada en la aclamación. Así, no hay grito más democrático que el "Todos somos el *Duce*" del fascismo italiano. Identidad plena. Por ello el fascismo, el bolchevismo, el cesarismo son ciertamente antiliberales, pero no antidemocráticos. Todo lo contrario.

El democratismo de Schmitt es también hondamente anticonstitucional. El autor de *Teoría de la constitución* estuvo fascinado siempre por lo excepcional, lo no organizado, lo irregular, lo indómito. El territorio ordinario de la política es la crisis. No puede aspirarse a la domesticación de la política. Ésta no puede someterse nunca a reglas fijas.

---

[27] Carl Schmitt, *Sobre el parlamentarismo*, Madrid, Tecnos, 1990, p. 22.

Su piso es la anormalidad. Este embrujo de lo excepcional se advierte en su idea de la soberanía pero, sobre todo, en su idea del derecho y el Estado.

Según Schmitt, no es posible ni deseable ordenar la sociedad de acuerdo con reglas generales. La ley es aplicable en la normalidad. Pero en política la normalidad no es normal. De ahí el *situacionismo jurídico* de Schmitt. Se impone la necesidad de decidir para el caso concreto de acuerdo con las necesidades del momento. Medidas concretas antes que leyes generales. El fundamento del decisionismo de Schmitt se encuentra en el pensamiento del escritor extremeño Donoso Cortés. Éste fue uno de los autores predilectos del abogado alemán. A un lado de la plataforma filosófica de Hobbes, los apasionados discursos y ensayos de Donoso Cortés aparecen como el estrado desde el que se alza el razonamiento de Schmitt. Cortés es también un pensador de la emergencia que denuncia el fracaso de los ideales ilustrados. En la decisión, no en el cálculo ni en la norma, se funda el poder. De ahí que la norma ha de subordinarse al imperativo de la voluntad resolutiva. "Las leyes se han hecho para las sociedades, y no las sociedades para las leyes, digo: la sociedad en todas las circunstancias, la sociedad en todas las ocasiones. Cuando la legalidad basta para salvar a la sociedad, la legalidad; cuando no basta, la dictadura." Ante el desconcierto, no existe alternativa a la dictadura. Apenas una elección de dictaduras: "Se trata de escoger entre la dictadura que viene de abajo y la dictadura que viene de arriba: yo escojo la de arriba, porque proviene de regiones más limpias y serenas; se trata de escoger, por último, entre la dictadura del puñal y la dictadura del sable: yo escojo la dictadura del sable, porque es más noble". El propio parlamentario español anticipaba la porosa noción de constitucionalidad que defendería el efímero abogado del nazismo. La constitución debe albergar la posibilidad de su infracción. Dios es el gran maestro de la constitucionalidad quebrantada. En el mismo discurso sobre la dictadura, Cortés sostiene que el Creador gobierna constitucionalmente y "algunas veces directa, clara y explícitamente manifiesta su voluntad soberana quebrantando esas leyes que Él mismo se impuso, torciendo el curso natural de las cosas. Y bien, señores —concluye dirigiéndose a las Cortes— cuando obra así, ¿no podría decirse si el lenguaje humano pudiera aplicarse a las cosas divinas, que obra dictatorialmente?"[28]

El decisionismo de Schmitt conduce directamente a un entendimiento antinormativo de la constitución. Schmitt no puede aceptar que los materiales de la constitución sean esencialmente jurídicos. La constitución es decisión política, no norma. Por ello, según Schmitt, el positivismo practica una especie de fetichismo constitucional. Adora la cosa sin entender su contenido. Para superar esta limitación hay que escudriñar el verdadero cuerpo constitucional, es decir, la decisión política. Schmitt rompe así con el principio básico del pensamiento constitucional: el sometimiento del poder al derecho, la limitación del poder, la despersonalización del poder. En pocas palabras, niega la posibilidad de domesticar jurídicamente la fuerza. Nuestro autor llega a elevar el imperativo político al rango de fuente del derecho constitucional.[29] La salvación del Estado estará siempre por encima de los recatos procedimentales.

La politización constitucional no tarda en desnaturalizar el dispositivo. Paradójicamente, la constitución politizada se desarma, es decir, se despolitiza. Schmitt, que se

[28] Donoso Cortés, *Discurso sobre la dictadura*, p. 9.
[29] Como lo plantea Germán Gómez Orfanel en *Excepción y normalidad en el pensamiento de Carl Schmitt*, Madrid, Centro de Estudios Constitucionales, 1986. Ignacio de Otto, en su *Derecho constitucional, sistema de fuentes* (Barcelona, Ariel, 1991), argumenta que la variedad de conceptos de constitución que desarrolla Schmitt es tan amplia y desorientadora que "sólo puede explicarse como resultado del intento consciente de negar la supremacía de la Constitución misma". El pintor ya no dibuja imágenes: echa humo.

consideró ante todo jurista, ha logrado construir una jurisprudencia para la ilegalidad. Una ciencia del derecho que
hace de la ley una tela frágil, incapaz de detener al poder.
Más bien: la envoltura de sus caprichos. El territorio de la
política es, para Schmitt, irremediablemente indomable.
No cabe la regulación porque el suelo nunca es firme. La
política es una alfombra de erupciones. El Estado es gober-
nado por lo imprevisible, lo irregulable. Por ello no encon-
traremos en su obra ningún esfuerzo por construir principios de ingeniería institucional. En su visión, no hay forma
de levantar estructuras constitucionales firmes cuando el
piso de la política nunca se asienta. Si la política es siempre
una sustancia escurridiza, el Estado no puede vertebrarse
con reglas. Pensar de otra manera es vivir feliz, como el mosquito que despreocupado salta.

GOBERNAR EN BICICLETA

Los espíritus puramente lógicos, los dialécticos, son los más dañinos. La existencia es ya de suyo de lo más ilógico y milagroso. En el engranaje silogístico, perfecto y ruin de un abogado ergotista muchas instituciones jugosas y lozanas se prensan y se destruyen. Líbrennos los dioses de estos malos bichos teorizantes, fanáticos, rectilíneos, aniquiladores de la vida.

JULIO TORRI

LA BICICLETA es un prodigio de la ingeniería. Vehículo de dos ruedas que hace avanzar quien va montado en él, la bicicleta es ejemplo también de la insuficiencia del razonamiento técnico. De un manual puede aprenderse el modo de juntar las piezas que la integran: las ruedas, la cadena, los pedales, el armazón, el manubrio, el asiento, los frenos. Pero en ningún instructivo puede aprenderse a andar en ella. En la *Enciclopedia Espasa* que cita Gabriel Zaid se da una prudente sugerencia: "Para montar en bicicleta es preciso no tener miedo, sujetar el manillar con flexibilidad y mirar al frente y no al suelo". El consejo es muy apreciable, pero difícilmente podríamos tener éxito si nos trepamos a la bicicleta con esa brevísima y única lección. Si queremos aprender a andar en bicicleta no hay estudio que supere el montarse en ella, empezar a pedalear y buscar equilibrio en el movimiento. Es el hábito el que instruye. No hay pericia sin práctica. Sólo pedaleando puede encontrarse el eje, sólo trepando a la bicicleta podemos aprender a navegar con nuestro propio peso.

Sería una tontería pensar que los buenos ciclistas se forman leyendo gruesos volúmenes sobre el diseño y la historia de las bicicletas. La teoría general del ciclismo no es lectura obligada de los competidores del Tour de Francia. La inteligencia del ciclista está en los músculos; su sabiduría en los reflejos. Ese mismo argumento esgrime Michael Oakeshott en contra de lo que llama la "infección" racionalista en la política. Gobernar es andar en bicicleta. Y para bien gobernar hay que combatir la superstición de quienes creen que la política no es más que la aplicación de una teoría.

Michael Oakeshott nació en 1901. Su padre, funcionario público, agnóstico y amigo de George Bernard Shaw, le heredó una profunda admiración por Montaigne que lo acompañaría siempre. Como el primer ensayista, Oakeshott se paseó durante su vida de un tema a otro. Redacta olvidables reflexiones teológicas, escribe un ensayo filosófico sobre la noción de experiencia, publica diversos estudios sobre Hobbes, una antología de las doctrinas contemporáneas en Europa y, en pleno hervidero de la guerra, redacta en coautoría un pequeño libro sobre las carreras de caballos. Es un frívolo, dicen de inmediato sus críticos. Mientras Inglaterra se desangra, mientras la libertad está amenazada en todo el mundo, el profesor se dedica a escribir un manual para apostar en el hipódromo. Pero Oakeshott no se rascaba la frente en la biblioteca. Se había enlistado en el ejército y combatía a su modo también en sus escritos. Su trabajo sobre el pensamiento político contemporáneo es un interesante documento escrito en el instante de la ideología glorificada. Tal parece que toda acción debe levantarse en nombre de una Gran Idea. No hay movimiento que no se escude en una doctrina vasta y bien pulida. El oportunismo, escribe en la introducción, ha sido castrado al disfrazarse de principio. Hemos perdido, lamenta Oakeshott,[1] *la inocencia de Ma-*

---

[1] *The Social and Political Doctrines of Contemporary Europe*, Cambridge University Press, 1939.

quiavelo. Inocencia maquiavélica: mirada fresca que se posa en los asuntos del Estado sin afanes de ciencia; aprender de la historia, no pretender aleccionarla.

En 1947 publicó el que sería su trabajo más célebre: "El racionalismo en política", ensayo que destrozaba justamente los fundamentos de la política ideológica. A la mitad del siglo que fue también el mediodía de su vida, llegó a la London School of Economics (LSE) para asumir la cátedra de ciencia política que la muerte de Harold Laski dejaba vacía. Laski encarnaba lo que Oakeshott repudiaba. El profesor socialista veía en el Estado un instrumento de regeneración social y creía en las musculosas capacidades de la política. Vivía la ilusión de la inteligencia: si la razón logra hacerse del poder, logrará enderezarlo todo. El contraste de Laski y su sucesor no podría ser mayor. Laski era un orador. Las palabras fogosas de este ideólogo del laborismo apuntaban siempre hacia los asuntos punzantes del momento. Sus conferencias eran convocatorias a la acción. El tiempo de Oakeshott era otro. No le interesaba mayormente la política del día. Podía pasarse una buena temporada sin leer el periódico. La manía de enterarse todos los días de las noticias es un desorden mental, decía. Sobre todo, tenía el buen gusto de aborrecer la oratoria. La elocuencia loresca era una práctica tan execrable para el profesor Oakeshott como lo era para el miniaturista mexicano cuya firma aparece en el epígrafe de este capítulo. Julio Torri hablaba de la antipatía que sentía por esas gentes que obran siempre a nombre de causas altisonantes, esos sujetos vanidosos que leen para cazar alguna cita, no para entender, y que hablan para adular o conmover al público, no para comunicarse con él.[2]

La propia escuela londinense era un lugar extraño para un filósofo como Oakeshott. La London School of Econo-

---

[2] Véase el ensayo de Torri sobre la oposición del temperamento oratorio con el temperamento artístico en su *De fusilamientos*, México, Fondo de Cultura Económica, 1964.

mics había sido fundada con la idea de formar a la nueva
clase política bajo la idea de que la ciencia —en particular,
como revela su nombre, la ciencia económica— lograría establecer una sociedad próspera, bien organizada y justa. En
una especie de canto positivista, los fundadores de la London School of Economics rezaban: "los hechos nos harán
libres". Los estudiantes llegaban a la escuela buscando he-
rramientas para rearmar racionalmente a la sociedad, justamente lo que Oakeshott pensaba que la educación no
podía ni debía enseñarles. Como un pacifista en una academia militar, Oakeshott era un antirracionalista en una pa-
rroquia de la Razón.

Al presentarse ante los alumnos de la LSE, leyó un texto
que sacudió a esos estudiantes de ingeniería social. Parece
ingrato, decía Oakeshott en su mensaje, que quien siga a
Harold Laski sea yo, "un escéptico, alguien que haría mejor
las cosas si sólo supiera cómo hacerlo". La política no es
una técnica como la mecánica, les advertía. Es, más bien,
como la cocina. Ningún libro de recetas, por muy completo
que sea o por claras que sean sus ilustraciones, puede servir a
quien no tiene sazón. Para confitar un pato hay que entrar
a la cocina, no a la biblioteca. La filosofía puede ayudarnos a
comprender, pero no nos entrega recomendaciones perti-
nentes para gobernar. La convocatoria del discurso inaugural era conocer lo que llamaba las *insinuaciones de la tradición*. Sumergirse en la historia era indispensable para
vacunarse contra la viruela de la ilusión política y terminar
de una buena vez con el cuento infantil que habla de la política como el camino que nos llevará a la casita feliz donde
viviremos contentos para siempre. Los discípulos de Laski
quedaron horrorizados.

Oakeshott fue una figura solitaria, un filósofo sin séqui-
to. Rehuía las luces de la publicidad, casi se empeñaba en
no formar escuela. Temió que sus ideas degeneraran en ideología. Por eso combatió la seducción de las fórmulas: quien

sólo conoce el resumen de las cosas lo ignora todo. Para entender a Hobbes no hay atajos. Hay que leerlo. Su estilo filosófico —su pensamiento es, ante todo eso: un *estilo*— no pertenecía a los cajones de la moda. Un tradicionalista con muy pocas ideas tradicionales, un idealista escéptico, un amante de la libertad a quien aburre la prédica de los liberales. Como dice Robert Grant, uno de sus contados retratistas, Oakeshott era demasiado indiferente a las jerarquías y a los linajes para ser seguido por los *tories;* demasiado escéptico para ser respaldado por los moralistas, demasiado liberal para ser secundado por los populistas de la derecha. La voz de Oakeshott es única. Alguien lo llamó el Proust de la ciencia política.

Cuentan sus amigos que siempre se le veía acompañado de una mujer guapa. Tuvo incontables amores y solamente tres bodas. Una de sus relaciones más intensas fue con Iris Murdoch, la prolífica novelista y pensadora irlandesa. Se conocieron en Oxford, a finales de los años cuarenta. Oakeshott era casi veinte años mayor que ella. Él era una autoridad en su campo; ella una muchacha radiante que había militado en el Partido Comunista y había entrado en contacto con algunas de las grandes mentes del siglo: Wittgenstein, Sartre, Canetti. En octubre de 1950 se enamoraron profundamente. Ella escribiría en su diario:

> No puedo trabajar ni comer, solamente divago pensando en M. ¿Qué estará pensando hoy? Debo tratar de trabajar. Me está enfermando esta emoción. [Más tarde:] Me siento totalmente demente por M. No sé cómo podré sobrellevar el día sin verlo. Y no puedo llamarlo hasta mañana.[3]

El amor sería tan intenso como breve. Dos meses después de haber comenzado el romance, se dieron el adiós. Él

[3] Diario de Iris Murdoch, citado por Peter J. Conradi en su biografía *Iris. The Life of Iris Murdoch*, Nueva York, Norton, 2002, p. 312.

se había enamorado de otra mujer. Veinte años después, Iris Murdoch seguía recordando su amor, la mañana en que él le besaba los pies, lo hermosa que se sintió entonces. Los seguidores de Oakeshott están convencidos de que de su relación con Oakeshott nació un personaje de una de sus primeras novelas. Se trata de Hugo Belfounder, un filósofo inclasificable de *Under the Net*, la novela que Murdoch publicó en 1954, un conversador de palabra pausada y preguntas interminables; un hombre interesado en todo, en buscar una teoría de todo. No, no una teoría de todo, más bien, una teoría *de cada cosa*.

> En mis primeras discusiones con Hugo, me empeñaba en *ubicarlo*. Una o dos veces llegué a preguntarle si sostenía tal o cual teoría general —cosa que siempre rechazó con el aire de quien había sido abofeteado por el mal gusto. Y, de hecho, después me pareció que hacer ese tipo de preguntas sobre Hugo mostraba un severo desconocimiento de su irrepetible cualidad intelectual y moral. Después de un tiempo, me di cuenta que Hugo no tenía teorías generales. Todas sus teorías, si es que podían llamarse teorías, eran particulares.[4]

Hay quien dice que el retratado en este personaje de Iris Murdoch no es Oakeshott sino, en realidad, Ludwig Wittgenstein o uno de sus discípulos. Puede ser. Lo más probable es que se trate de una mezcla literaria de todos ellos. Pero esta renuencia a la formación de una teoría general, esta aversión a la manía clasificatoria que pretende compactar la diversidad es claramente oakeshottiana. Oakeshott estuvo poseído por la *intuición de lo particular*. Seguir la ruta aristotélica de la clasificación es negar el universo que hay en cada hoja de un árbol, en cada insecto de la selva. La teoría, dice George Steiner, no es otra cosa que una percepción que

---

[4] Iris Murdoch, *Under the Net*, Nueva York, Penguin Books, 1960, p. 58.

se vuelve impaciente.[5] Y Oakeshott no cayó nunca en esas prisas.

Coqueto, culto, conversador exquisito, genio del gesto y el detalle, Oakeshott fue el modelo del caballero inglés. En sus últimos años, decidió dejar su departamento en Covent Garden, a unas cuadras de la London School of Economics, para instalarse en el pequeño pueblo de Acton en Wessex. Su cabaña no tenía teléfono ni calefacción pero tenía una chimenea y miraba al mar. Al abrir la cortina, el Canal de la Mancha. Ahí, en una casa de pizarra cubierta de libros, Oakeshott vivió sus últimos años leyendo, cocinando y cuidando su jardín. Goces de la paciencia, labores a un tiempo solitarias y generosas, actos físicos y espirituales, la cocina y la jardinería condensan simbólicamente una filosofía política refractaria a la impaciencia, una filosofía consagrada a acariciar sus materiales y atenta a sus suaves transformaciones.

El 19 de diciembre de 1990, una semana después de cumplir los ochenta y nueve años, Michael Oakeshott murió en la cama de su cabaña. El *Daily Telegraph* escribió unos días después: "Ha muerto Michael Oakeshott, el más grande filósofo político de la tradición anglosajona desde Mill, o incluso Burke". En la mañana del 24 de diciembre fue enterrado en las costas de Dorset. Le habría gustado su funeral, dijo un amigo suyo. No tuvo nada de extraordinario.

Los racionalistas son para Oakeshott todos los hombres que, después de proyectar ideas en un plano, tratan de insertarlas en la historia; quienes creen que la política es la puesta en práctica de un modelo previamente trazado. Racionalistas han sido los redactores de la Declaración de los Derechos del Hombre y del Ciudadano y los autores del Ma-

---

[5] George Steiner, *Errata*, Yale University Press, 1998.

nifiesto Comunista; los ingenieros utilitaristas y los dema-
gogos fascistas. Son racionalistas los teólogos que saben
todo de Dios y la creación del mundo y los terroristas que
quieren incendiarlo para traer la justicia infinita; los cuentos nacionalistas y las ecuaciones económicas. Desde luego,
el filósofo inglés no libra una batalla contra la razón ni ex-
horta, como lo hizo Rousseau con su empalagosa cursilería,
a retornar a una feliz e inocente ignorancia. Tal vez usa una
brocha demasiado gruesa para caricaturizar a su adversario: mira con sospecha cualquier ejercicio de reflexión teó-
rica que se aparta de la experiencia y descarta todo intento
de invención filosófica para comprender o modificar la realidad política.[6] El racionalismo de Locke se salva de su
mazo, por ejemplo, por el hecho de ser una teorización em-
papada de historia, por ser experiencia enunciada en vocabulario racionalista. Sugiere Oakeshott que en la elabora-
ción de los derechos naturales de Locke no hay invento,
sólo recuerdo. La infección racionalista, pues, no atacó la
médula del razonamiento del padre del constitucionalismo
inglés sino apenas su expresión. Sin embargo, infectó a sus
lectores: en los Estados Unidos y en Francia lo leyeron mal,
como un tratado de abstracciones en espera de las bayone-
tas que lo pusieran en práctica. No era eso: lejos de ser el
prefacio de la libertad futura, el *Segundo tratado sobre el gobierno civil* era un epílogo a los hábitos ingleses.

El racionalista que Oakeshott critica quiere vivir cada
día como si fuera el primero, tiene una insensata aversión
al hábito, cree que toda costumbre es un error, que nada
vale si no ha sido demostrado previamente en el laboratorio
de la razón.

Para el racionalista nada tiene valor sólo porque exista (y ciertamente no porque haya existido durante muchas generacio-

---

[6] Véase el ensayo sobre Oakeshott en Bhiku Parekh, *Pensadores políticos contemporáneos*, Madrid, Alianza Universidad, 1986.

nes); la familiaridad no tiene ningún valor, y nada debe dejarse sin un escrutinio. Y su disposición hace que entienda y se
dedique con mayor facilidad a la destrucción y la creación
que a la aceptación o la reforma. Cree que parchar, reparar (es
decir, hacer cualquier cosa que requiera un conocimiento
paciente del material), es una pérdida de tiempo; y siempre
prefiere la invención de un nuevo instrumento al uso de un
recurso corriente y bien probado. No reconoce el cambio a
menos que sea inducido conscientemente, de modo que cae
con facilidad en el error de identificar lo consuetudinario y lo
tradicional con lo inmutable.[7]

Si el trabajo del racionalista consiste en trazar un plano
para después imponerlo en la realidad, lo que debe hacer en
primer lugar es limpiar su mesa de trabajo de todos los viejos papeles, las fotografías familiares, los restos del café y
galletas que quedaron de la noche anterior. Ningún recuerdo, ningún afecto debe ensuciar el plano del racionalista. El
geómetra debe empezar a escribir desde una hoja en blanco. El diseño de la razón debe procurar un "cierto vacia-
miento de la mente, un esfuerzo consciente para librarnos
de las concepciones previas". Por eso Platón es, además del
abuelo de los historicistas aborrecidos por Karl Popper, el
ancestro de los racionalistas que Oakeshott detesta.[8] Ese
poeta que estaba dispuesto a aniquilar a todos los que tuvieran más de diez años de edad, para levantar una ciudad sin
mancha de hábitos corruptos, pretendió hacer de la sociedad una "sábana blanca de posibilidades infinitas". Blan-
quear la manta de la historia en busca de la utopía constitu-

---

[7] *El racionalismo en la política*, México, Fondo de Cultura Económica,
2000, p. 24.

[8] Popper, por cierto, veía en Oakeshott a un "pensador realmente original" pero, naturalmente, no aceptaba su embate al racionalismo. Véase
"Hacia una teoría racional de la tradición", en *Conjeturas y refutaciones. El
desarrollo del conocimiento científico*, Barcelona, Paidós, 1994.

ye un compromiso de exterminio. En el cálculo racionalista
suelen sobrar algunos millones de seres humanos.

El racionalista ignora que la política desciende del rito
y no del silogismo. Las lecciones de la experiencia son por
ello mejores guías de la acción que las recetas de la ideología. Ciertamente, Oakeshott veía en el estatismo la gran
amenaza de su tiempo, pero los antiestatistas no se salva-
ron de su crítica. Como los planificadores, los idólatras del
mercado creen que el mundo debe rendirse ante las fórmulas de su pizarrón. A liberales dogmáticos como Hayek les
dijo: un plan para eliminar cualquier plan expresa el mismo
estilo político que se pretende superar. La crítica se clava
igual en los devotos del Estado que en los fanáticos del mercado: leninistas y thatcherianos tienen más en común de lo
que es aparente. Dos experimentos despiadados. Dos desig-
nios seguros de sus dogmas y sordos a las réplicas de la realidad. El politólogo polaco Adam Przeworski ha mostrado
el paralelo entre estos proyectos inapelables. Sustitúyase
"nacionalización de los medios de producción" por "privati-
zación" y "planificación" por "libre competencia" y tendre-
mos una estructura ideológica sorprendentemente similar.[9]
Ambos hacen una condena radical del pasado, ambos pos-
tulan un sujeto histórico privilegiado, ambos creen conocer
la técnica que someterá a la realidad, ambos ordenan una
cirugía mayor: las llaman "medidas dolorosas pero necesa-
rias". Habrán cambiado los ingredientes pero el veneno del
pastel es el mismo. El rumbo es lo de menos: lo esencial en
una política es su estilo.

Oakeshott subraya los desvíos de la razón soberbia.
No ofrece, por cierto, el sentimiento como antídoto al exce-
so racional. Las emociones no nos salvarán de la pinza tec-
nológica. La salida está en el tanteo. Ensayar para observar

---

[9] Sobre ese paralelo entre leninismo y thatcherismo, véase Adam Przeworski, "The Neoliberal Fallacy", *Journal of Democracy*, vol. 3, núm. 3, julio de 1992.

los efectos de la prueba, palpar antes de exprimir, ver sin pontificar, escuchar para hablar y después de hablar, volver a escuchar, caminar sin prisa y sin rumbo, ponderar cada paso. La línea recta es el trazo del diablo que, ya sabemos, siempre lleva prisa. La buena fortuna, dijo Maquiavelo en sus *Discursos*, pertenece a quien sabe ajustar su proceder con el tiempo.

En *La política de la fe y la política del escepticismo*, Oakeshott defiende magistralmente esta política del tanteo. La gobernación es una actividad específica que no tiene como propósito la perfección humana ni la verdad y que no busca, en ningún momento, la gracia de la belleza. La misión del gobierno es apenas disminuir los conflictos humanos. El orden político es siempre un orden precario y superficial. Debajo de la paz del Estado habrá inevitablemente conflicto. Porque estamos siempre amenazados por la decadencia, debemos armar de pesimismo la duda. Henry James llamó a esta propensión "imaginación del desastre".

Del escepticismo de Oakeshott se desprende la búsqueda de un gobierno restringido y vigilado. Por eso se le ha llamado el conservador preferido de los liberales.[10] Para Paul Franco, uno de los primeros intérpretes meticulosos de su filosofía política, Oakeshott fue, en realidad, un liberal a quien simplemente no le gustaban las últimas cuatro letras de la palabra liberalismo. No es raro por ello que uno de sus autores predilectos haya sido un ingeniero de instituciones: Benjamin Constant, mecánico de la moderación política. La vereda de las reglas, la plomada de los precedentes, el equilibrio de la mesura son precisos para la travesía del ciclista. Pero la metáfora que traza Oakeshott es culinaria, no bicicletera. Como el ajo del cocinero, el poder debe usarse con tanto comedimiento que sólo su ausencia se note. El gobierno aparece entonces como la pimienta indis-

---

[10] Así lo llama Adam Gopnik en un fino retrato de Oakeshott: "A Man Without a Plan", *The New Yorker*, 21 y 28 de octubre de 1996.

pensable; como un elemento de salud pública tan importante, dice, como la risa lo es para la felicidad. El gobierno no nos conduce al paraíso ni un chiste nos enseña la verdad profunda del universo; pero el primero nos salva del infierno de la guerra civil y el segundo nos salva de la estupidez del solemne. Ése es su llamado: no ensalzar jamás la política.

No hay que ensalzar la política porque no hay que esperar mucho del hombre. En una ocasión uno de sus discípulos le preguntó qué opinaba del hombre. Oakeshott permaneció por un momento en silencio y después dijo que pensaba que los hombres eran como gatos: se toman muy en serio. Ése es el peor vicio del hombre y la más nociva vanidad en un político: tomarse demasiado en serio.

"THOMAS HOBBES, SEGUNDO HIJO DE UN VICARIO POCO DISTINguido de Westport, cerca de Malmesbury, nació en la primavera de 1588." Así empieza Michael Oakeshott su brillante introducción al *Leviatán*, la obra que definió como "la más grande, quizá la única, obra maestra de filosofía política escrita en lengua inglesa". ¿Exagera Oakeshott? No: el monstruo de Hobbes no es solamente una pieza genial de penetración filosófica sino una joya de la inteligencia poética. El *Leviatán*, escribe Oakeshott es "un mito, la trasposición de un argumento abstracto al mundo de la imaginación".[11] El razonamiento alumbra la ficción más sobrecogedora del Estado.

Thomas Hobbes, el más radical de los escépticos, el más arrogante de los dogmáticos, fue el personaje central en la obra de Oakeshott. Lo fue porque el genio de Malmesbury le permitió tallar su identidad filosófica por contradicción y afinidad. Al preparar la introducción a la edición

---

[11] "Introducción a *Leviatán*", en *El racionalismo en la política*, p. 222.

Blackwell del *Leviatán,* el jardinero de Covent Garden resaltaba la claridad, el humor, la imaginación, la acidez irónica, la contundencia polémica de Hobbes. Pero también subrayaba los excesos de su inteligencia satisfecha. En Hobbes hay una ambición de sistema que Oakeshott rechaza explícitamente: querer embonar todo fenómeno en un perfecto artefacto de ideas es para él un trastorno racionalista. Hobbes dispara pensamientos completos; Oakeshott saca ideas a pasear. Las sentencias de Hobbes son inapelables, los apuntes de Oakeshott son provisionales. Hobbes define, Oakeshott comenta. En buena medida, la obra de Oakeshott es una larga crítica a esa *ciencia* que Hobbes quiso fundar. Pero sus ensayos son también una dilatada variación sobre la imagen hobbesiana del hombre. La maldición de la política es la naturaleza humana. Por eso los filósofos de la política se ocupan de la oscuridad. Oakeshott no trata de iluminar esas sombras, ni de sublimar los sacrificios del poder.

> La política es un espectáculo desagradable en todo momento. La oscuridad, la turbiedad, el exceso, las componendas, la apariencia indeleble de deshonestidad, la falsa piedad, el moralismo y la inmoralidad, la corrupción, la intriga, la negligencia, la intromisión, la vanidad, el autoengaño y por último la esterilidad,
>
> > Como un caballo viejo en el establo,
>
> ofenden en buena parte nuestras susceptibilidades racionales y del todo las artísticas.[12]

Los científicos buscarán la lógica última del poder, los estetas tratarán de embellecer el rostro del soberano y sus hazañas pero ignoran que la política es una fea piedra tallada en la arena de las circunstancias. Es en esa materia pedre-

---

[12] *La política de la fe...,* p. 46.

gosa de la historia, no en el liso lienzo de los geómetras, donde podemos encontrar los elementos para arreglar *de algún modo y hasta cierto punto* los desperfectos de la cosa pública. Por eso el estadista no es un técnico; es una especie de artista sin arte.

> En la actividad política navegan los hombres en un mar sin límites y sin fondo; no hay puerto para el abrigo ni suelo para anclar, ni un lugar de partida ni un destino designado. La empresa consiste en mantener la nave a flote y equilibrada; el mar es a la vez amigo y enemigo; y el arte de la navegación consiste en utilizar los recursos de una manera tradicional de comportamiento a fin de volver amiga toda ocasión hostil.[13]

En esta filosofía de la modestia hay un existencialismo sin melodrama. La actividad política consiste apenas en un ejercicio de flotación sobre un mar de sinsentido.

JOHN STUART MILL, CONVENCIDO DE QUE TODO LO BUENO PROviene de la innovación, dijo que los conservadores, por ley de su propia existencia, formaban el partido estúpido. Oakeshott pretende ganar respeto para el temperamento conservador. Él es un conservador porque cree que no hay que enemistarse con las circunstancias; hay que abrazarlas *afectuosamente*. La amistad es un lazo de afecto que no puede ser corrompido por cálculos de utilidad. "A los amigos no les interesa modificar la conducta del otro, sino sólo el disfrute del otro, y la condición de este disfrute es una aceptación tranquila de lo que es y la ausencia de todo deseo de cambiar o mejorar." El conservadurismo es, de ese modo, un cariño por la circunstancia. Con ello desafía al conser-

---

[13] "La educación política", conferencia inaugural en la London School of Economics, recogida en *El racionalismo en la política*, p. 69.

vadurismo desde el conservadurismo. Si abraza la tradición no es porque venere ciegamente el pasado sino porque teme las consecuencias del silogismo. Este hombre que ha sido llamado el Burke del siglo xx no siente ninguna simpatía por las prescripciones eternas del derecho natural ni por la metafísica de las verdades reveladas. A diferencia de Burke, Oakeshott no cree en la sabiduría de la tradición. Burke, en efecto, había escrito que los juicios instantáneos de individuos y grupos suelen ser equivocados, mientras que la nación (ese organismo que atraviesa los siglos) encuentra naturalmente el bien. "El individuo es estúpido; la multitud es, por el momento, estúpida cuando actúa sin deliberación; pero la especie es prudente y, si se le da tiempo, en cuanto especie obra siempre bien."[14] Para Oakeshott la especie es tan estúpida como el individuo o la multitud. Una tontería repetida mil veces no se convierte mágicamente en imagen del bien. La tradición es una sopa incoherente de caprichos y casualidades acumulados a lo largo de los años.

Ha querido la historia oficial mexicana que veamos un vampiro cuando escuchamos la palabra "conservador". Desde que, como dijo Justo Sierra, el liberalismo se fundió con la idea de patria, un monstruo vil y salvaje se nos aparece cuando se pronuncian esas letras. Michael Oakeshott hace un retrato distinto del conservador:

> Ser conservador es preferir lo familiar a lo desconocido, preferir lo experimentado a lo no experimentado, el hecho al misterio, lo efectivo a lo posible, lo limitado a lo ilimitado, lo cercano a lo distante, lo suficiente a lo excesivo, lo conveniente a lo perfecto, la risa presente a la felicidad utópica. [...] los cambios pequeños y lentos le parecerán más tolerables que los

[14] Burke, *Speech on the Reform of the Representation of the Commons in Parliament*, en *Selected Works of Edmund Burke, Miscellaneous Writings*, Liberty Fund, 1999, p. 21.

grandes y repentinos; tendrá en alta estima cada apariencia de continuidad.[15]

Ser conservador es un modo de plantarse en el mundo, una actitud, un talante, no un programa. El conservador no se deja seducir por el peligro y entiende que no hay mejoramiento sin calificativos. Lo notable del conservadurismo de Oakeshott es que está vacío de dogma. La disposición conservadora no se relaciona, en su caso, con ninguna idea de bien eterno. El de Oakeshott es, pues, un conservadurismo sin ideología, un conservadurismo desligado de los postulados de la derecha. De ahí que sociólogos de la nueva izquierda europea hayan buscado consejo en sus páginas. Una de las primeras reseñas de *El racionalismo en política* apareció en la *New Left Review*. Colin Falck, el reseñista, sugería que el conservadurismo de Oakeshott estaba muy cerca de los fundamentos del pensamiento socialista. Enfatizando lo concreto y lo histórico, su política se distingue del marco vacío de los valores liberales y de la nostalgia de los reaccionarios. Total: Oakeshott resulta casi un marxista.[16] Anthony Giddens, padre de aquella moda de la Tercera Vía que quiso a fines del siglo xx poner al día el ideario de la izquierda europea, aprecia el pensamiento de Oakeshott como plomada de prudencia para el nuevo socialismo. Para Giddens el gran mensaje de su obra es que todo es temporal, que todo fluye. La historia, ya lo había dicho Burke, es río que no olvida pero tampoco añora su fuente. No hay ni una mueca nostálgica en el conservadurismo de Oakeshott. No idealiza el pasado, no lo falsifica glorificándolo; mucho menos trata de congelarlo. Lo que hace es instalarse en el tiempo para prevenirnos de la desmemoria de los técnicos. El conservadurismo oakeshottiano es una advertencia frente al fanatis-

---

[15] "Qué es ser conservador", en *El racionalismo en la política*, p. 376 y ss.
[16] Colin Falck, "Romanticism in Politics", *New Left Review*, 18, enero-febrero de 1963.

mo de la razón política. Oakeshott aprendió la lección del
autor de aquellas sabias cartas sobre la Revolución francesa: la harina de la política no es más que tiempo y sitio: circunstancia. Hay que ser conservadores, de un modo no conservador, concluye Giddens. Sin el ancla conservadora el
hombre vivirá como extranjero, flotando sobre una tierra
que quiere rehacer pero que no logra tocar ni entender.[17]
Dicho de otro modo: hay que ser conservadores de un modo
oakeshottiano.

Soy conservador en política para poder ser radical en
todo lo demás, decía Oakeshott. Por eso *su* tradición no es
el jardín remoto que hay que reverenciar: es la condición
que no podemos evadir. Lo que pretende levantarse por fuera de la historia busca el aura del carisma, dice el brillante
historiador de las ideas J. G. A. Pocock en un ensayo en
honor de Oakeshott.[18] La tradición no es depósito moral; es
anclaje de prudencia. Mientras entendamos la sociedad
como el arroyo de acciones insertadas en el tiempo estare-
mos bien resguardados contra los salvadores que creen que
ni una gota del pasado los moja.

EL CONSERVADURISMO DE OAKESHOTT ES HIJO DE LA DESCONFIAN-
za en lo humano. La única brújula es la duda o, más bien, la
sospecha. Se trata de una "imagen perturbada de la debilidad y la perversidad del hombre y de la transitoriedad de
sus logros".[19] Los padres de esa imagen son John Donne,
poeta de la fragilidad; Pascal, místico de la tristeza; Hobbes,
filósofo del miedo; y Montaigne. Sobre todo, Montaigne.

[17] Anthony Giddens, *Beyond Left and Right. The Future of Radical Politics*, Stanford University Press, Stanford, 1994.
[18] "Time, Institutions and Action: An Essay on Traditions and Their
Understanding", Preston King y B. C. Parekh, ed., *Politics and Experience.
Essays Presented to Professor Michael Oakeshott on the Occasion of his Re-
tirement*, Cambridge, Cambridge University Press, 1968.
[19] En *La política de la fe y la política del escepticismo*, p. 109.

Entender el escepticismo político de Oakeshott supone adentrarse en las ideas de estos genios. Donne, poeta de la complejidad y la contradicción de las emociones, describe en *Una anatomía del mundo* la desdicha de la más radical incertidumbre:

> Y una nueva filosofía pone todo en duda,
> el elemento fuego está bien extinguido;
> perdidos están sol y tierra; ningún ingenio humano
> puede dirigir al hombre para encontrarlos.
>   Y debemos confesar que este mundo está acabado
> de buscar entre el cielo y los planetas
> otros mundos nuevos: vemos cómo éste
> se desmorona en retorno a sus átomos.
> Todo está hecho pedazos, toda coherencia abolida,
> toda justa medida y toda relación.
> ...
> Tal es la condición del mundo ahora.
> Y ella, que debía unir las partes,
> que poseía la única fuerza magnética
> capaz de unir las partes separadas;
> ella, lo mejor, el primer original de toda copia;
> ella, cuyo universo es un yugo,
> ha muerto, sí, muerto, y al saberla muerta,
> conoces la flaqueza de este mundo que cojea.

Las imágenes de este planeta a la deriva ("la flaqueza de nuestro mundo que cojea") se suceden en la poesía de Donne desde sus poemas amorosos hasta sus versos funerarios.

> Los cielos se regocijan en el movimiento, ¿por qué habría
> entonces yo de abjurar de esa amada variedad,
> y no repartir con muchos amor y juventud?
> No hay placer si no es variado:
> el sol que sentado en su asiento de luz

esparce llamas sobre todo lo que parece brillante,
no se contenta con alojarse en un solo hostal,
y al terminar su año empieza uno nuevo.
Todo se deleita en la mudanza,
generosa madre de nuestros apetitos.

El hombre es un hacedor de ruinas, un animal ciego que mata para propagar su raza.

Parecemos esperanzados en destruir toda la obra de Dios.
De la nada nos hizo y nosotros luchamos
por retornar a la nada; y nos empeñamos
lograrlo tan de prisa como Él nos hiciera.[20]

John Donne describe el centro de nuestra contradicción, la imposible fijeza de nuestro espíritu: "las aguas pronto apestan si en un lugar se estancan". Es el absurdo de la quietud. Hasta lo hermoso es transitorio. Por eso la variedad es nuestra regla. ¿Y la ciencia? Una ignorancia que nos denigra. La nueva medicina, escribe, es un ingenio aún más pernicioso que la sífilis.

El sufrimiento de Pascal también está presente en el escepticismo de Oakeshott. Aterrado por el "eterno silencio de los espacios infinitos", Pascal muestra apasionadamente el extravío del hombre, los vacíos de su razón, las vanidades de la ciencia. Nuestro entorno es irremediablemente indescifrable. Cualquier esfuerzo por resolver los misterios de la existencia colinda con la blasfemia. Lo que Kolakowski llama la *religión triste* de Pascal, parte de la más oscura antropología: el hombre es un animal perdido, un grano de polvo en el universo infinito, una criatura abandonada que se enfrenta al futuro sin esperanza, como un condenado a muerte que todos los días es testigo del degüello de su vecino. "En-

[20] He traducido los poemas de Donne a partir de la edición de C. A. Patrides, *The Complete English Poems*, Nueva York, Alfred A. Knopf, 1991.

tre nosotros y el infierno sólo existe la vida, y esto es lo más frágil de este mundo", escribe este hombre que no vivió un solo día sin dolor. "Nos complace reposar en la sociedad de nuestros semejantes, miserables como nosotros, impotentes como nosotros; no nos ayudarán: moriremos solos. Es necesario, pues, hacer como si estuviésemos solos."[21] ¿De dónde más que de la desesperanza puede surgir la política?

La ciencia, entretenimiento mundano, es incapaz de ofrecernos respuesta al drama de existir. Por eso encuentra Oakeshott en Pascal una brillante exhibición de las limitaciones del racionalismo. El problema no radica en su valoración del conocimiento técnico sino en su "incapacidad de reconocer cualquier otro conocimiento". No puede excluirse la razón de la vida humana; tampoco puede el hombre vivir alimentándose solamente de ella.

Para Oakeshott será Montaigne, un escéptico gozoso, un paseante tranquilo, el autor central en este cuadro de desconfiados. La incertidumbre en él deja de ser angustiosa. La ausencia de certeza gana una sonrisa. En sus paseos, la fluctuación del universo deja de ser una pesadilla para convertirse en mudanza de sabores y texturas, de aires y de climas.

Michel de Montaigne nació entre las 11 de la mañana y el mediodía del último día de febrero de 1533. Las vigas de su sala de trabajo, como epígrafes que abren el mundo de su literatura, marcan el tono de su obra: "Puede ser así y puede no ser así". "Yo no decido nada." "No comprendo." "Yo examino." "Ningún hombre ha sabido ni sabrá nada de cierto." "El hombre es arcilla." Entre estos pilares, Montaigne escribe el autorretrato del hombre. Soy el tema de mi libro advierte a sus lectores. Es cierto, Montaigne habla de sus achaques y de sus gustos, de sus afectos y de sus lectu-

---

[21] Párrafo 151 de los *Pensamientos* de Pascal. Cito la edición de Alianza Editorial, Madrid, 1981. El ensayo de Kolakowski es *Dios no nos debe nada. La religión triste de Pascal,* Barcelona, Editorial Herder, 1996.

ras. Pero ese tema —el tema Montaigne— se desdobla pronto en el tema del hombre. ¿Quién es el hombre? ¿Cuáles son las formas de su razón? ¿Cuál es la textura de su historia? Las respuestas a estas preguntas van dibujándose en sus paseos. No adquieren en ningún momento la simetría del sistema ni la definitividad de una doctrina: ensayos. Es ese el modo de retratar un lugar en mudanza permanente: "el mundo es movimiento perenne y todo muda sin cesar, incluso la tierra, las rocas del Cáucaso y las pirámides de Egipto, lo cual sucede en virtud del movimiento general y del suyo propio. La misma constancia sólo es una mutación menos viva que la inquietud".[22] Si Montaigne no puede fijar los objetos del universo es porque ellos mismos se tambalean poseídos por una especie de embriaguez natural.

Y nada tan mudable como el hombre. En el ensayo sobre la inconstancia de nuestras acciones, el hombre aparece como un animal que adopta el color del lugar en el que despierta: una criatura que sigue las cambiantes inclinaciones de su apetito. El autorretrato de Montaigne nos dibuja. "En mí se hallan, por turno, todas las contradicciones. Soy vergonzoso, insolente, casto, lujurioso, charlatán, taciturno, laborioso, delicado, ingenioso, torpe, áspero, bondadoso, embustero, veraz, sabio, ignorante, liberal, avaro y pródigo. Todo eso hallo en mí según mis cambios." ¿Cuál es el traje que ha de vestir a todos estos hombres que viven bajo la piel de Montaigne? ¿Cuál sería su verdadero precepto, cuál su designio auténtico? La respuesta es clara: introducir una regla maestra, un principio capital, una orden que envuelva a todos los hombres que son Montaigne estrangularía a cada uno de ellos. La definición como suicidio de posibilidades: la cárcel de la identidad.

Frente a nuestra naturaleza inconstante, no hay más remedio que la fluctuación de nuestras normas. No hay tra-

---

[22] "Del arrepentimiento", Libro III, segundo ensayo, *Ensayos completos*, México, Porrúa, 1991.

je perfecto; no hay modelo a seguir, no hay solución definitiva a nuestros predicamentos.

El humanista admirado por Oakeshott está lejos de ser idólatra de la ciencia. Conozco cien artesanos más felices que si fueran rectores de universidad, escribe. El oficio del científico no lo acerca a la felicidad; ni siquiera al conocimiento verdadero. Lo que hoy es tenido como postulado de la ciencia, mañana será tachado como fantasía de ignorantes. Lo que es verdad desde esta ventana, es falso en aquel valle. El camino de la sabiduría es la experiencia. Ninguna ciencia, saber hecho de generalizaciones y abstracciones, será capaz de apreciar la ley universal de la diversidad. La ciencia suele cerrarse al conocimiento porque carece de la imaginación necesaria para combinar realidades y para incorporar las verdades de la contradicción. El orgullo de creer que algo sabemos es nuestra peor plaga. Los libros de ciencia suelen taparnos los poros de la piel con su pedantería. El mundo de la razón científica nos ha convertido en asnos cargados de libros. El misterio de los animales es, quizá, el puente que nos conduce al territorio de la duda. Cuando juego con mi gata, ¿quién puede saber si no es ella la que se divierte conmigo? Nada puede fijar la certeza en este mar de incertidumbre.

De estas dudas —de ninguna nostalgia— nace el conservadurismo de Montaigne. El escepticismo borra toda esperanza de encontrar la arquitectura ideal de la sociedad. Montaigne conoce la fragilidad del hombre, de la sociedad, del poder, de la ley. Pero, como advierte Hugo Friedrich, no se opone a esa fragilidad con el idealismo del revolucionario o con la desesperación del nihilista.[23] No sueña con el mundo perfecto ni se abandona en el foso del pesimismo. El escéptico abraza lo que existe, sin dejar de reconocer que está constituido por la grieta radical de nuestra naturaleza.

[23] Hugo Friedrich, *Montaigne*, University of California Press, 1991, p. 193.

No es raro, entonces, que la miga de su discurso conservador se encuentre dentro del ensayo contra la vanidad. "Nada daña tanto a un Estado como la innovación. Del cambio sólo dimanan injusticia y tiranía." A pesar de la severidad de estos dos dictámenes, Montaigne no pretende congelar al Estado. Lo que rechaza es la pretensión de cambiar integralmente la política, lo que él llama más adelante las "grandes mutaciones". Si una pieza falla, hay que componerla o cambiarla; pero querer refundar los cimientos del edificio público es una acción depravada. El mal no siempre es sustituido por el bien, y suele ser que es sustituido por otro mal, incluso peor. Frente al arresto de los revolucionarios, Montaigne defiende una voluntad políticamente dócil: "No vamos; se nos lleva, como las cosas que flotan con suavidad o violencia, según la mansedumbre o fuerza del agua". La sentencia que resume de mejor manera esta disposición conservadora se encuentra en el ensayo de Montaigne sobre el arte de conversar: "Hay que vivir con los vivos".

Como el Montaigne que su padre le enseñó a admirar, Oakeshott no quiso redactar ningún tratado filosófico. Sus escritos son apenas, según apreciaba él mismo, "notas de pie de página sobre la nieve". Sus textos son una caminata. Al igual que en los ejercicios del padre del ensayo, en los escritos de Oakeshott se pasea el juicio. Y ésa no es sólo la imagen que tiene del juego de la filosofía, sino de la política misma. Que la política no es argumento sino conversación, es quizá su sentencia más brillante. Gobernar es conversar con las circunstancias, nunca decretar su sometimiento.

En una conversación, los participantes no realizan una investigación ni un debate; no hay ninguna verdad que descubrir, ninguna proposición que probar, ninguna conclusión que buscar. Los participantes no tratan de informar, persuadir o refutarse recíprocamente, de modo que el poder de convicción de sus expresiones no depende de que todos hablen el mismo idioma; pueden diferir sin estar en desacuerdo. Por supuesto, una conversación puede tener pasajes de argumentación y no se prohíbe que quien habla sea demostrativo; pero el razonamiento no es soberano ni único, y la conversación misma no integra un argumento. [...] Pensamientos de diferentes especies cobran vuelo y se revuelven, respondiendo a los movimientos de los otros y suscitándose recíprocamente nuevas expresiones. Nadie pregunta de dónde han venido o con qué autoridad están presentes; a nadie le preocupa qué será de ellos cuando hayan desempeñado su papel. No hay director de orquesta ni árbitro; ni siquiera un portero que examine credenciales. Todos los que entran son tomados por lo que parecen y se permite todo lo que pueda ser aceptado en el flujo de la especulación. Y las voces que hablan en conversación no integran una jerarquía. La conversación no es una empresa destinada a generar un beneficio extrínseco, un concurso en que el ganador obtenga un premio ni una actividad de exégesis; es una aventura intelectual que no se ha ensayado. Ocurre con la conversación como con el juego de azar: su significación no reside en ganar ni en perder, sino en apostar. Hablando con mayor precisión, la conversación es imposible en ausencia de una diversidad de voces: en ella se encuentran diversos universos de discurso, se reconocen recíprocamente y disfrutan una relación oblicua que no requiere que los universos se asimilen entre sí ni se espera que eso ocurra.[24]

En estas líneas encontramos la profundidad y el vacío de su teoría política. Honda es la revelación de que la acción de gobierno no es demostrativa. La gobernación es el tanteo de la acción que debe esperar el eco para modular el siguiente movimiento. La política, pues, no es ciencia, no

---

[24] "La voz de la poesía en la conversación de la humanidad", en *El racionalismo*, p. 448.

es tampoco arte: es juego.[25] Pero en esa conversación azarosa hay una palabra nunca dicha: la orden. Alrededor del té inglés de las cinco de la tarde se enlazan las voces amistosamente. No hay jerarquía, no hay mando, no hay decisión. Los caballeros se entretienen y pasan una tarde agradable. Palabras van, vienen, dan una vuelta, cambian de tono, brincan de tema y no llegan a ningún sitio. La aversión al heroísmo político llega demasiado lejos. En la tertulia de Oakeshott no se asoman las quijadas de la fuerza. Pero los dientes, "guardias armados de la boca", dice Elias Canetti, son el instrumento más notorio del poder. La suya parece una filosofía política desdentada, sin poder. Y el poder es el instante en que la plática concluye. Uno habla y el otro calla, uno manda y el otro obedece, uno sobrevive y el otro yace muerto. Aguijón punzante, la orden, es indiscutible, definitiva, inapelable. Aun en la más dulce de las metáforas del poder que el gran ensayista búlgaro dibuja, el contraste con la imagen de la conversación es clarísimo. Pienso en la estampa del director de orquesta que Canetti entiende como la expresión más viva del poder:

> El director está *de pie*. El erguirse del hombre tiene significado incluso como viejo recuerdo de muchas representaciones de poder. Está de pie *solo*. Alrededor suyo está sentada su orquesta, tras él están sentados los oyentes; llama la atención el que esté de pie solo. Está de pie *elevado* y es visible por delante y

[25] La vida parlamentaria, sugiere Oakeshott en *La política de la fe...*, no es cosa realmente seria: es un juego en el que los amigos aparecen como oponentes, donde hay disputas sin odio y conflictos sin violencia. Lo importante en estos ritos no es el resultado sino el proceso. En este punto Oakeshott recoge las reflexiones del *Homo ludens* del brillante historiador holandés Johan Huizinga. "La existencia del juego —dice Huizinga— corrobora constantemente, y en el sentido más alto, el carácter supralógico de nuestra situación en el cosmos. [...] Nosotros jugamos y sabemos que jugamos; somos, por tanto, algo más que meros seres de razón, puesto que el juego es irracional", Johan Huizinga, *Homo Ludens*, Madrid, Alianza Editorial, 1998, pp. 35-36.

de espalda. Por delante sus movimientos actúan sobre la orquesta, por detrás sobre los oyentes. Las disposiciones propiamente dichas las imparte con la mano sola o con la mano y la batuta. Con un movimiento mínimo despierta a la vida de pronto esta o aquella voz, y lo que él quiere que enmudezca, enmudece. Así tiene poder sobre la vida y la muerte de las voces. Una voz, que durante mucho tiempo está muerta, por orden suya puede resucitar.[26]

Aún en este cuadro musical en donde director e instrumentistas siguen la misma partitura es perceptible que el poder marca una separación tajante. El director está parado solo, en una posición elevada, en el centro de las miradas. Hace hablar y enmudecer. En otras palabras: el director no conversa: dirige. Escucha los instrumentos pero su batuta manda. En última instancia, Oakeshott desecha de la política lo que le es característico: las fuerzas, las pasiones, la pugna, la violencia. Como Platón, dice Hanna Pitkin, Oakeshott está tan preocupado por las amenazas del poder y el conflicto que, en lugar de buscar una solución a los problemas que generan, pretende borrarlos definitivamente del paisaje.[27]

HAY UNA PALABRA QUE APARECE UNA Y OTRA VEZ EN BOCA DE Oakeshott. Una palabra que nadie esperaría encontrar en el vocabulario íntimo de un conservador. Es la palabra *aventura*. La historia, la condición humana, el aprendizaje, la vida: cuatro aventuras, encuentros con lo inesperado. Los conservadores suelen pronunciar esa palabra levantando la nariz en gesto reprobatorio. Un aventurero es un irresponsable que no atiende sus deberes, un vago. La aventura sue-

---

[26] Elias Canetti, *Masa y poder*, Barcelona, Alianza Muchnik, 1981, tomo 2, p. 393.
[27] Hanna Fenichel Pitkin, "The Roots of Conservatism. Michael Oakeshott and the Denial of Politics", en *Dissent*, núm. 4, otoño de 1973.

le ser para el conservador el olvido de los compromisos de la vida. No para *este* conservador. La palabra aventura es su palabra favorita. La vida tiene esa forma de azares y riesgos. La vida humana es esencialmente una aventura, dice en uno de sus ensayos sobre educación. Viajar sin rumbo, ser atrapado por la sorpresa, dejarse asaltar por lo inesperado es parte de la condición humana: "Ser humano es una aventura histórica".[28] La historia es un sinfín de viajes incompletos; una multiplicidad de expediciones abandonadas; un catálogo interminable de exploraciones inconclusas, la marcha de la fortuna. Por ello, el aprendizaje para esa cabalgata de las contingencias no equivale a adquirir información. No se trata de aprender los consejos enlistados en un manual. Es, muy por el contrario, aceptar la seducción de la aventura.

Aventura la historia, aventura la vida. El itinerario será para los trenes, no los hombres. Sorpresa, improvisación, riesgo, el gozo inesperado, la precipitación de la desgracia, descubrimiento del mundo, descubrimiento de sí. El afecto de Oakeshott por lo familiar no es devoción por lo rutinario. Por el contrario: es un coqueteo con el riesgo. Repudio de las convenciones que pontifican; la jugada audaz y sobria de la intuición. Se cuenta que en tiempos de Margaret Thatcher los conservadores quisieron honrarlo con el título de caballero. Una semana antes de que se hiciera oficial esa dignidad, se conoció públicamente un hecho que hizo cambiar de opinión a los *tories*. El septuagenario profesor había sido sorprendido por un policía teniendo relaciones sexuales con su mujer en la playa. El sabio se volvió súbitamente indigno del homenaje. La derecha que se planta como solemne guardián de las buenas costumbres era incapaz de apreciar el conservadurismo aventurero de Michael Oakeshott.

[28] "A Place of Learning", en *The Voice of Liberal Learning*, Indianápolis, Liberty Fund, 1989, p. 16.

El combate a la política ideológica era, para Oakeshott, algo más que una posición sobre los límites del conocimiento político: era una idea de la vida expresada con gran claridad en el pequeño libro que escribió en coautoría con Guy Griffith sobre las carreras de caballos. El librito se titula *Una guía a los clásicos o cómo escoger el ganador del Derby*. Después de analizar con todo cuidado las características de los caballos de carreras, Oakeshott concluía que en realidad no había guía para escoger al ganador en el hipódromo. Lo que dice para quienes quieren ganar la apuesta en el hipódromo es lo mismo que advierte a quienes quieren ejercer el poder: la sabiduría es olfato y no puede reducirse a los manuales técnicos. El verdadero genio de la política es aquel que está bien empapado de las tradiciones de su país y que puede responder con agilidad a las circunstancias. La vida misma es un juego cuyo desenlace nadie conoce. El hombre juicioso acepta las limitaciones de su conocimiento y apuesta consciente de los riesgos que toda apuesta conlleva. Así lo pone un íntimo admirador:

> La guía a Oakeshott es ese pequeño libro sobre el Derby. Se regocijaba al saber que la vida era una apuesta. No hay instrumento, ideología, método de razonamiento, artimaña para que el hombre actúe con plena certeza y pueda prever cómo doblegar la suerte en su beneficio. Sentía un leve desprecio por quienes querían esa certeza —incluso por aquellos que creen que poniendo toda su fe en una teoría económica pueden mejorar sus posibilidades. ¿Por qué esperan que un filósofo político prediga qué caballo va a ganar?[29]

¿Por qué?

---

[29] Noel Annan, *Our Age, English Intellectuals Between the World Wars. A Group Portrait*, Nueva York, Random House, p. 400.

BOBBIO Y EL PERRO DE GOYA

EN UNA de sus últimas visitas a Madrid, Norberto Bobbio recibía el homenaje de sus amigos y discípulos españoles. En un descanso pidió ser llevado al Museo del Prado. Al salir dijo secamente: *Ma che saggio questo Goya: sapeva che l'uomo e cattivo.* ¡Qué sabio, Goya: sabía que el hombre es malo! Acababa de ver los lienzos negros de la Quinta del Sordo. Representaciones del vacío, de la desesperanza, de la violencia. La oscuridad ya no como fondo sino como personaje, como *el* personaje de su pintura. En *Duelo a garrotazos,* dos hombres enterrados hasta las rodillas se apalean con unos fierros. Parecen dos gigantes empeñados en matarse. Uno de ellos muestra ya los surcos de la sangre por su cara. La escena anticipa el final: no hay escapatoria, los dos morirán. Habrá visto la horrorosa mirada de Saturno mordiendo el brazo ensangrentado de su hijo; las brujas, las cabras diabólicas y los miserables que aúllan. Se habría detenido seguramente ante el *Perro semihundido,* el mejor retrato de nuestra condición. En ese cuadro, Goya retrata el perro que somos. La arena nos traga, el cielo se ha oxidado. Vemos hacia arriba pero no hay nadie. Estamos solos.

La sabiduría que Bobbio descubría en Goya era la suya: el pesimismo. Las oscuras pinceladas de Goya confirmaban en Bobbio un entendimiento de la política, una lectura de la historia, una concepción del hombre. En los cuadros negros y en sus estampas de la guerra, en sus paisajes decorados con ladrones, en sus grabados de muerte, en sus caricaturas de asnos y en sus burlas de curas e inquisidores, Goya sujeta la carne de lo humano. En *Los desastres de la guerra,* el pintor aragonés no traza los contornos de la violencia

73

con la ilusión de servir a alguna causa. La pintura ha ilustrado la guerra siglo tras siglo. En su mayoría, estas galerías sirven a una causa: al mostrar la crudeza de la guerra el artista educa para la paz; al mostrar el sacrificio llama al combate; al pincelar la victoria inflaman el orgullo patrio. Goya no explota ese sentimentalismo. Muestra que el propósito de la guerra es la muerte y que el deseo de la muerte de otros nos convierte en bestias o, más bien, *revela* que somos bestias. En la guerra no hay nada noble, nada heroico, nada hermoso. El sordo de Fuendetodos sabía a quién temer. El dibujante de mil monstruos escribió en una carta: no me asustan las brujas, ni los espíritus ni el diablo. La única criatura que me da miedo es el hombre.[1]

Bobbio tenía el mismo temor. El hombre es un animal que mata. El lobo de sí mismo diría Hobbes. Un animal que mata para comer, para vestirse, para aprender, incluso para divertirse decía el furioso reaccionario Joseph de Maistre. Bobbio podría coincidir con Hegel en la imagen de la historia como un "inmenso matadero". Pero a diferencia de estos dos espectadores, Bobbio no encuentra sentido a la carnicería. Uno había visto en la triste historia del hombre la misteriosa mano de Dios, el otro, el rodillo inclemente de la Razón. Bobbio veía el absurdo. Uno de los últimos ensayos que publicó se refiere a un tema que lo había acompañado toda la vida, el tema del mal. La reflexión del viejo Bobbio desembocaba en un lúcido alegato pesimista: en la economía general del universo no es el malvado quien más sufre, ni el bueno quien sonríe al final de la película. Quien observe la historia sin ilusiones verá que lo contrario es común. Stalin muere en su cama; Ana Frank en un cuarto de exterminio. La historia no acomoda los eventos para colocarlos en equilibrio de justicia. Lo sabe todo el mundo: la justicia no existe.

[1] La carta es citada por Robert Hughes en *Goya*, Nueva York, Alfred A. Knopf, 2003, p. 151.

Suele descartarse el pesimismo como una disposición anímica. No lo es. El propio Bobbio tropieza con esa confusión cuando escribe que "el pesimismo no es una filosofía sino un estado de ánimo". Y remata diciendo de sí mismo: "soy un pesimista de humor y no de concepto". Mi impresión es que Bobbio se equivoca dos veces. La primera al tachar la categoría filosófica del pesimismo; la segunda al evaluar las raíces de su talante. El pesimismo no es la consecuencia intelectual de un espíritu depresivo, como tampoco el optimismo es una emanación del temperamento festivo. John Stuart Mill, por ejemplo, siendo un hombre azotado por la depresión, era un optimista incurable. Creía en el progreso y las promesas del futuro. El pesimista, por más que busca, no encuentra ese porvenir. Frente a quienes sueñan con lo mejor, él teme la aparición de lo siniestro. Más que una disposición psicológica, el pesimismo es un cuadro de convicciones sobre el hombre y su sitio en la historia. De acuerdo con el diccionario de Ambrose Bierce es una "filosofía impuesta al observador por el desalentador predominio del optimista, con su esperanza de espantapájaros y su abominable sonrisa".

Bobbio reconoce en sí mismo una fuerte veta melancólica. Pero su pesimismo es menos el síntoma de algún achaque psicológico, que el producto de sus convicciones intelectuales. En primer lugar, sabe que, por muchos siglos que la historia acumule, el hombre no cambia de esqueleto. En todas partes es el mismo animal de cálculos y locuras, de juegos y guerras. Podrán cambiar las costumbres y las creencias; podrán levantarse y derruirse imperios; podrán mejorar las máquinas que fabricamos. El hombre seguirá siendo la misma bestia que describió Maquiavelo. En todo tiempo, decía el florentino, los hombres son "ingratos, volubles, simuladores, rehuidores de peligros y ávidos de ganancias".[2] Éstos no son vicios de la cultura, ni enfermedades

---

[2] Maquiavelo lo pone así en el capítulo XVII de *El príncipe*.

provinciales: es nuestra constitución, nuestra estructura celular. Por eso las lecciones de los grandes pensadores siguen siendo contemporáneas. El cambiante decorado de la historia no las altera.

Como Cioran, Bobbio se planta contra la idolatría del mañana. El progreso no es la clave de la historia. El escepticismo es la raíz de esta convicción. Nunca lo sabemos todo. Quienes todo lo saben no tardan en querer matarlo todo, decía en algún lugar Albert Camus. Pero lo que sabemos, por poco que sea, no es alentador. La tuerca de la duda da una vuelta para encontrar una creencia: no esperemos nada del futuro. Mi inclinación natural, decía, es "esperar siempre lo peor".

George Steiner decía que la crítica literaria debía surgir de una deuda de amor. Es esa gratitud la que impulsa a quien dedica su vida a escribir sobre escrituras. Una deuda de amor impulsa al crítico: después de leer una novela, es otro. La pieza lo transforma. Después de ver un cuadro de Cézanne, escribe Steiner, vemos las manzanas de un modo totalmente nuevo, como si nunca hubiéramos visto una manzana verdadera. El crítico se siente obligado a confesar sus amores porque la crítica contemporánea confunde su tarea con la labor del demoledor de estatuas. Los biógrafos se han convertido en mineros de vicios y debilidades. La industria de la crítica aparece como escopeta del escándalo. El gran héroe es exhibido como un cobarde, el novelista genial es un plagiario que golpeaba a su mujer, el arquitecto admirado por todos resulta un alcohólico que odiaba a los negros. Si antes se trataba de volver santos a los hombres ilustres, hoy la tendencia es exactamente la contraria: todos los hombres, empezando por los filósofos, los artistas y demás prohombres, son cerdos.

El "arte del crítico", dice Steiner, debe asumirse como

una celebración, no una denuncia. No lo es porque el crítico no pierde el tiempo en lo que no vale; su atención se fija
únicamente en las obras maestras, en las creaciones perdurables del arte. De las malas novelas que aparecen todas las
semanas se ocupan los publicistas, no los críticos. La crítica
es un fruto de la admiración. El crítico es un mediador
entre el genio y el público. El crítico, atestiguando y apre-
ciando el genio, lo revela al público, lo comunica, lo enaltece. ¿Qué luces arroja esta reflexión sobre la naturaleza de la
crítica política? Alguien podrá decir que, aunque el crítico
literario analice un soneto y el crítico de la política un acto
de imperio, la semilla es idéntica. Bajo esa mirada, el crítico del poder sería también un amante con deuda. Un hombre que ama la democracia, la independencia, la justicia
escribirá para enaltecer el objeto de su amor y defenderlo
de todas sus amenazas: el despotismo, la sumisión, la arbitrariedad. El crítico de la política será entonces, igualmente,
un admirador que celebra. Pero lo que es devoción vital en
el crítico literario, se vuelve ceguera en el crítico de la política. No pienso solamente en el observador que se casa con
una idea, un partido, una iglesia. Ésa es clara, abiertamente,
una abdicación del propósito crítico y una afiliación plena a
la práctica. Pienso en quien, sin entregarse a grupo o jefatu-
ra alguna, ha dejado de someter sus ideas a examen. El demócrata que no acepta los vicios de su amada, el justiciero
que no se detiene para analizar las consecuencias de sus
prescripciones, el revolucionario que no duda de su misión.
No es del amor de donde puede alimentarse el impulso crítico en política. Tocqueville lo entendió mejor que nadie: la
adhesión a las causas políticas (la democracia por ejemplo)
sólo puede ser una adhesión moderada, nunca una pasión
desbordante.

La crítica política tampoco nace del odio, que es igualmente idealización del otro. Si el amante sólo ve rasgos hermosos en su amada, el odiante sólo encuentra facciones

repugnantes en el otro. La crítica de la política no puede nacer del odio al poder. Quien lo odia no hace el menor esfuerzo por comprender sus razones; simplemente lo acusa como origen del mal. El anarquismo es por eso una crítica tan radical que termina vaciándose. Abominando al poder, ignora todo lo que el poder importa. ¿De dónde viene entonces el primer aliento de la crítica política? No proviene de una fe —ni la del amante ni la del odiante— sino de la sospecha. Es una espina, una intuición, una sospecha lo que despierta la crítica política. No es el impulso de rendir un homenaje, ni la gratitud del admirador lo que la aviva. La crítica política no es celebratoria. Aunque haya cosas que celebrar, el festejo no puede engullir en ningún momento el recelo crítico. Hasta el más delicioso pastel de la política contiene gusanos. En política no hay obras perfectas a las que podamos entregarnos devotamente. Ha producido napoleones pero no ha dado vida a un solo Bach.

La crítica no nace de una certeza sino de una sospecha. El crítico empieza a escribir porque intuye, no porque sabe. El crítico no es un relator de incidentes, es un antipático juzgador del mérito. No le interesa lo que pasa sino el significado de lo que pasa. Como cualquier crítico, el crítico de la política trata de aclarar el caos de significados que es el mundo. Discernir entre lo importante y lo trivial, lo nocivo y lo benéfico, lo útil y lo dispendioso, lo real y lo fingido. Lo hace siempre con un ojo al futuro. Y si volvemos al primer impulso, ese que inquieta a Steiner para el caso de la crítica literaria, el marco de esa mirada es la sospecha, no la esperanza. La incertidumbre que acompaña el futuro no es la imagen de un jardín futuro, sino la posibilidad del desastre. La crítica del poder surge como sospecha del desastre.

Ésa es la convicción de un crítico como Bobbio, que está convencido de que el pesimismo es un compañero indispensable de cualquier travesía política:

Dejo de buen grado a los fanáticos, o sea a quienes desean la catástrofe, y a los fatuos, o sea a quienes piensan que al final todo se arregla, el placer de ser optimista. El pesimismo es hoy, permítaseme una vez más esta expresión impolítica, un deber civil. Un deber civil porque sólo un pesimismo radical de la razón puede despertar algún temblor en esos que, de una parte o de otra, demuestran no advertir que el sueño de la razón engendra monstruos.[3]

El sueño de la razón produce monstruos. Goya el sabio, de nuevo.

DESDE SUS PRIMEROS PASOS, LA VIDA DE NORBERTO BOBBIO parece una rama blanda y escindida. Por un lado, las holguras de la vida familiar; por el otro, los reparos de la conciencia. Nació el 18 de octubre de 1909 en Turín. Su padre era un cirujano prestigiado. En la casa donde vivió de niño, vivían también dos sirvientes y un chofer. Pero la comodidad le resultaba incómoda. El choque del bienestar que disfrutaba y las penurias que veía a su alrededor inyectaban en su carácter una inconformidad que no era rabiosa sino, más bien, sombría. Desde muy pequeño sintió el privilegio como penitencia. El niño turinés solía pasar largas vacaciones en el campo acompañado de su familia y otros amigos de su entorno. Ahí, más que en ningún otro lugar, se percató de los azotes de la injusticia. Mis amigos y yo, cuenta en su libro más exitoso, llegábamos de la ciudad y jugábamos con los hijos de los campesinos. Entre *nosotros* existía una armonía plena. Jugábamos sin darnos cuenta cuántos cuartos tenía la casa de cada quien o qué camisas vestíamos. Pero una inmensa barrera nos separaba de *ellos*. No podíamos dejar de notar el contraste entre nuestras casas y las suyas;

---

[3] Norberto Bobbio, *Autobiografía*, Madrid, Taurus, p. 190.

entre nuestra ropa y la suya; entre nuestros zapatos y sus pies descalzos. La disparidad no era trivial. Todos los años, recuerda muchos años después un Bobbio ya viejo, al regresar al campo de vacaciones, nos enterábamos que alguno de nuestros compañeros de juego había muerto en el invierno.

Entre los muebles y los muros de la familia Bobbio, se respiraba simpatía por el fascismo. Su discurso patriótico de orden y prosperidad habrá sido una música grata a los oídos del doctor Luigi Bobbio. Norberto, el hijo, escuchaba en silencio la celebración del fascismo. Aunque empezaba a tomar un camino distinto, no se atrevía a confrontar al padre. Asistía a las reuniones de los círculos antifascistas sin oponerse abiertamente a las inclinaciones familiares. Vivía una vida partida: el estudiante de derecho en la Universidad de Turín se inscribe formalmente en los Grupos Universitarios Fascistas pero frecuenta por las noches las reuniones de la resistencia. En un bolsillo, la credencial del Partido Fascista; en el otro, los panfletos del movimiento liberalsocialista. La contradicción personal se prolonga casi toda la década de los treinta. Más que un episodio de juventud, esta incoherencia sería la marca de una vida sellada por la indecisión y la capacidad de albergar lo incompatible.

Mientras Norberto Bobbio asiste a las reuniones del antifascismo, jura lealtad al régimen para obtener una plaza como profesor de filosofía del derecho. Su juramento no le sirvió de mucho. En 1935, cuando tenía veintiséis años, fue encarcelado. La policía lo había fichado por sus frecuentes reuniones con los "adversarios del régimen". Tras los barrotes, el joven profesor siguió el consejo familiar. Tomó papel y pluma para dirigirse al *Duce,* a quien dio trato de excelencia:

Yo, Norberto Bobbio, hijo de Luigi, nacido en Turín en 1909, licenciado en leyes y en filosofía, soy en la actualidad profesor adjunto de Filosofía del Derecho en esta R. Universidad; estoy afiliado al PNF (Partido Nacional Fascista) y los GUF (Grupos

Universitarios Fascistas) desde 1928, es decir, desde que entré en la Universidad, y estuve afiliado a la Vanguardia Juvenil en 1927, desde que se constituyó el primer grupo de Vanguardistas en el R. Liceo D'Azeglio por encargo confiado al camarada Barattieri di San Pietro y a mí; a causa de una enfermedad infantil, que me dejó una anquilosis del hombro izquierdo, fui eximido del servicio militar y nunca he podido afiliarme a la Milicia; crecí en un ambiente familiar patriótico y fascista (mi padre, cirujano en jefe del Hospital de San Giovanni de esta ciudad, está afiliado al PNF desde 1923, uno de mis tíos paternos es General de División en Verona, el otro es General de Brigada en la Escuela de Guerra; durante los años universitarios participé activamente en la vida y las obras del GUF en Turín con musicales goliardescos, números únicos y viajes estudiantiles, hasta el punto que fui encargado de pronunciar discursos conmemorativos de la Marcha sobre Roma y de la Victoria ante los estudiantes de enseñanza media; por fin, en estos últimos años, tras haber conseguido las licenciaturas en derecho y filosofía, me consagré por entero a los estudios de filosofía del derecho, publicando artículos y memorias que me valieron la *venia docendi,* estudios de los que extraje los fundamentos teóricos para la firmeza de mis opiniones políticas para la madurez de mis convicciones fascistas.[4]

En su carta, Norberto Bobbio le expresa a Mussolini la devoción que siente por él, rogándole que, "con su elevado sentido de justicia", interceda generosamente por él. Más de medio siglo después, la carta de ese joven regresaría a la memoria del viejo Bobbio que había mantenido en el silencio estos acercamientos. El periódico *Panorama* la publicaría íntegra en 1992. Al leer ese mensaje indigno, el hombre que ya era visto entonces como un santo de la izquierda liberal, como un héroe de la resistencia antifascista, se avergüen-

---

[4] *Autobiografía*, edición citada, p. 49.

za. Reconoce que ésa es una carta deshonrosa. ¿Por qué caí en la abyección?, se pregunta. ¿Cómo es posible que un profesor honesto, dedicado al estudio, pudiera haber escrito una carta así? Bobbio ensaya una respuesta. No es disculpa, advierte. Una dictadura corrompe el ánimo de los hombres, los conduce a la hipocresía, a la mentira, al servilismo. Y la mía fue una carta servil. Para vencer las trampas de una dictadura se necesita fuerza y valor. Yo no tuve lo uno ni lo otro. Bobbio, en efecto, no fue un héroe.

Bobbio pronuncia cadenciosamente las sílabas de su arrepentimiento. Me a-ver-güen-zo. El hombre se avergüenza de su debilidad, de haber pasado como fascista entre los fascistas y como antifascista con los antifascistas. Pero no se azota con su propio látigo. A quienes se adelantan a convertirlo en trofeo de caza, les responde con una pregunta de Fabio Levi. Si en tiempos de la persecución racial muchos judíos fueron inducidos al bautismo para salvarse, ¿a quién debe atribuírsele la responsabilidad del acto: al convertido o a su perseguidor?[5]

El fantasma de su incongruencia —o de su debilidad— lo perseguiría toda la vida, a pesar de que sus admiradores se empeñaban en colocarlo en el pedestal de los héroes. Quienes han pretendido enmarmolarlo no se dan cuenta de que el héroe, como ha dicho Savater, es una especie de monstruo adorable, un personaje deforme por lo abultado de sus cualidades. No es el caso de Bobbio. Su flaqueza dramatiza su verdadera militancia: la causa de la vacilación. Puede decirse incluso que su penosa blandura personal es la fuente de su vigor intelectual. La determinación, virtud de gladiadores, puede ser una perversión de la inteligencia. La tarea de los hombres de cultura, decía, es sembrar la duda.

A principios de los años cuarenta, Bobbio se moja los pies en el charco de la política. Su ambición era más inte-

[5] Norberto Bobbio, "La historia vista por los perseguidores", *Fractal*, núm. 20.

lectual que política: pretendía servir a la causa de la conciliación entre las dos banderas de la modernidad: liberalismo y socialismo. Bobbio se acerca así a un grupo de filósofos, abogados, historiadores italianos que buscan dar cuerpo a una política que promueva la igualdad, al tiempo que defienda y ensanche las libertades. Carlo Roselli había lanzado a la tierra las primeras semillas de este proyecto en su *Socialismo liberal,* una defensa del socialismo democrático que rompía con la herencia jacobina. La única manera en que podría renovarse el socialismo era convirtiéndose en el heredero del liberalismo en fines y medios: buscar la liberación del hombre, cuidar las formas del estado constitucional. Es necesario, escribía Roselli, que "los socialistas reconozcan que el método democrático y el clima liberal constituyen una conquista tan fundamental de la civilización moderna que deberán ser respetados incluso y sobre todo cuando tenga el gobierno una mayoría socialista estable".[6] Liberalismo y socialismo eran dibujados como los brazos de una misma civilización. En el movimiento liberalsocialista, Bobbio encuentra una plataforma para proyectar políticamente sus convicciones y sus titubeos. La pretensión era construir un suelo que conciliara justicia y libertad. El movimiento se colocaba explícitamente en el centro. A la derecha estaba el liberalismo de la indiferencia, a la izquierda, el colectivismo autoritario. El liberalsocialismo quería abrir una *tercera vía*. De esa búsqueda nace el Partido de Acción, el único partido al que Bobbio respaldó como candidato. En 1946 el profesor convertido en político se da a la penosa tarea de pedir el voto. Su incursión al teatro electoral fue un desastre. El día de las votaciones, su partido quedó en último lugar. Muy lejos de la Democracia Cristiana que se alzó con la victoria; muy lejos también de los socialistas, de los comunistas y del resto de partidos medianos y pequeños

---

[6] Norberto Bobbio, *Perfil ideológico del siglo xx en Italia,* México, Fondo de Cultura Económica, 1989, p. 252.

que participaron en la jornada. Un gran fracaso. A decir verdad, el fiasco era bastante lógico. Como lo reconoce Bobbio al recordar el episodio, el Partido de Acción era un partido de intelectuales —un escuadrón de "generales sin ejército" lo llama— que no logró conectarse con los intereses de la sociedad realmente existente. Bobbio se dijo: "Basta. Se acabó mi vida política".

EL PARTIDO DE ACCIÓN SE DISOLVIÓ Y BOBBIO SE CONCENTRÓ EN la academia como profesor de filosofía del derecho en la Universidad de Turín. En 1945 viajó a Londres, invitado por el Consejo Británico. Frente a la anglofobia del fascismo, la izquierda democrática en Italia era admiradora de la patria del constitucionalismo y, en particular, del Partido Laborista. Un parlamento vivo y partidos democráticamente estructurados constituían la base de un gobierno fuerte y eficaz que no caía en los abusos del despotismo Las antenas del profesor de Turín estaban dirigidas a la isla. Captaban atentamente lo que ahí se publicaba. Quiero decir: lo que se publicó hace siglos y lo que se publicaba en esos momentos. Tiene razón Perry Anderson cuando advierte que el liberalismo de Bobbio se escribe en un italiano con acento británico. Hobbes, Locke, Mill, el teórico del Estado, de la constitución y del individuo están presentes en cada uno de sus alegatos y son, quizá, la trinidad originaria de su pensamiento. Muchos otros pensadores poblarán su mirada, pero en cada párrafo que el italiano publicó pueden verse las puntas de este tridente: la defensa del orden estatal, la exigencia de la limitación y el protagonismo del ciudadano.

El catedrático se concentra inicialmente en el mundo de las normas. El estudiante de filosofía y derecho se convirtió naturalmente en maestro de filosofía del derecho. Como profesor se dedica a estudiar el lenguaje de las reglas, el contenido del derecho, el lazo que une una norma con otra.

En trabajos que le ganan de inmediato la notoriedad, explora los debates sobre el fundamento de la obligatoriedad y el parentesco entre la fuerza y el derecho. En cada uno de estos ámbitos hace aportaciones valiosas. Subrayaría tan sólo un par de temas. El primero es la construcción de un positivismo crítico. Para el turinés la ley es mandato del Estado, no de la naturaleza. Las leyes no están trazadas desde el cielo, no están impresas en algún rizo de nuestro código genético, ni existe regla que gobierne a todos los hombres y que sea vigente en todo el curso de la historia. El derecho, como lo había visto Hobbes, emerge de la garganta del soberano. No existe otro derecho que el que impone el Estado. Los murales que a lo largo de la historia han pintado teólogos y moralistas para describir un código universal y eterno de reglas son dibujos de fantasía. Sin embargo, Bobbio no niega que puede evaluarse el contenido moral del derecho y examinar su justicia.[7] El derecho debe someterse a la crítica moral aunque no podamos encontrar un rasero objetivo para medir el bien.

Pero, ¿qué hay ahí dentro? ¿Cuál es el contenido de la ley? Fuerza, responde contundentemente Bobbio. Fuerza domesticada, pero fuerza al fin. "El derecho es la regla de la fuerza." No es consejo, no es una invitación amable: es un aparato que regula la aplicación de castigos. No existe norma de derecho si sus postulados no activan las mandíbulas de la coacción estatal. Hobbes lo dice inmejorablemente en su *Diálogo entre un jurista y un filósofo:* "No es la sabiduría ni la autoridad la que hace la ley. [...] Por leyes entiendo leyes vivas y armadas. No es, pues, la palabra de la ley, sino el poder de quien tiene la fuerza de una nación lo que hace efectivas las leyes".

En la fórmula bobbiana se asoman el realismo de Weber y el positivismo jurídico de Kelsen. Pero sobre todo, son

---

[7] Sobre este punto puede verse el estudio de Alfonso Ruiz Miguel, *Política, historia y derecho en Norberto Bobbio*, México, Fontamara, 1994.

visibles las barbas blancas de Hobbes, su autor más admirado. No es visible el filósofo de Malmesbury solamente por este seco entendimiento de la maquinaria estatal, sino por la imagen implícita que dibuja sobre la ausencia de legalidad. El Estado y su anverso, el derecho, podrán ser amenazantes condensaciones de la fuerza, pero su ausencia es un brinco al vacío. A fines de los años setenta, cuando Italia padecía la violencia del extremismo, Bobbio levantó la voz en defensa de un personaje crecientemente impopular: el Estado. El Leviatán tiene forma de monstruo, pero es la única criatura que puede ganarnos la paz, liberarnos del miedo y cuidar un espacio de libertad. Frente a quienes, desde un anarquismo vengador o un liberalismo antipolítico, gritaban consignas contra el funesto Estado, Bobbio se colocó de su lado. Un hijo de Hobbes no podría hacer otra cosa.

Es natural que los revolucionarios cobijen su violencia en argumentos retributivos. La insurrección armada aparece como la única respuesta posible frente a la violencia originaria del Estado. Si la primera violencia (la de la cárcel) es injustificada, la segunda (la del bombazo) resulta legítima. El primer problema es que en un pleito la violencia injustificada, es decir, la violencia originaria, es siempre la del otro. "Él empezó." La trasposición de ese argumento al discurso político no es una inocente coartada infantil. Por el contrario, dice Bobbio, los intelectuales que emplean este lenguaje para justificar la ilegalidad alientan una violencia políticamente insensata y moralmente condenable.

Nadie puede cuestionar que el Estado sea un instrumento de represión. Todos los Estados lo son. Pero no todos los Estados son iguales como sostenía Lenin. El tema de la "primera" violencia es irrelevante. Lo que importa es su estructura institucional. La diferencia fundamental entre la violencia del Estado y la violencia de sus rivales es la naturaleza de la institucionalización estatal. Quienes invocan a Lenin para justificar la rebelión deben leer a Locke, otro revolucionario. El consenso democrático domestica la fuerza bajo el imperio de las reglas. Defenderlas no es proteger al palacio, es cuidar la casa de cada uno.

El Estado que defiende Bobbio es democrático. Lo que merece adhesión es un régimen político donde las relaciones de fuerza se transforman en relaciones de derecho, en tratos regulados por normas generales, firmes y preestablecidas. El argumento del turinés en defensa del Estado tenía dos destinatarios. Por un lado, los ideólogos de la violencia redentora que lanzaban gasolina al fuego; por el otro, los promotores de una represión desquiciada. No hay mayor prueba para un Estado democrático, sostenía Bobbio, que el enfrentar la guerra que algunos de sus miembros le declaran. Ante tal declaratoria, el Estado democrático sólo puede reafirmar las tablas de la ley.[8]

EN 1959, AL VIAJAR POR CHINA, FRANCO FORTINI, UN COMPAÑERO de viaje, hace un elocuente retrato del profesor.

Tendrá entre cuarenta y cuarenta y cinco años. Toda su persona expresa, más aún que fuerza intelectual, un tipo de educación bien arraigado, una fidelidad a padres y abuelos. La energía de las convicciones tiene, en él, la única debilidad de expresarse, justamente, como energía; sientes que las virtudes del orden, de tenacidad, de sobriedad mental, de honradez intelectual, son en él muy conscientes. E irían acaso acompañadas de cierta pasión pedagógica si no interviniese de cuando en cuando para corregirlas una sonrisa, entre embarazada e irónica. Es autoironía todas las veces que la conversación se permite un adjetivo de más, una cadencia un poco más apasionada; es embarazo o quizás timidez, intento apenas esbozado de mundanidad y desenvoltura. Se nota que de niño

[8] "Si cede la ley", en *Las ideologías y el poder en crisis*, Madrid, Ariel, 1986.

debió de ser bueno y diligente y debió de despreciar toda forma de blandura sentimental.[9]

Fortini capta el motor interior de Bobbio: la *pasión pedagógica*. El título de profesor es el único que merezco, decía él al cumplir los noventa años, mientras sus seguidores competían por loas. Alguien le preguntaba si prefería que lo consideraran un filósofo, un intelectual o un político. Las tres camisetas lo vestían. El turinés era el redactor de una imponente biblioteca de trabajos de filosofía del derecho y de la política; era una autoridad en el debate público; había sido fundador de un partido malogrado y en esos momentos ocupaba un asiento como senador vitalicio. Pero el filósofo, el político, el intelectual, resaltaba su labor al frente de un salón de clase. Soy un profesor, pues un profesor no es un pensador sino un hombre que transmite el pensamiento de otros. La respuesta de Bobbio no era presunción de humildad: en todas sus tareas se escuchaba el susurro de un gis deslizándose por el pizarrón. En sus tempranas incursiones políticas y en sus vacilaciones de legislador anciano; en sus polémicas públicas y en sus manuales es visible la misma pasión por comunicar lo que se sabe; la emoción de conducir a sus lectores al encuentro de los grandes viejos libros. El maestro decía: antes de hablar, antes de decidir, es debido pensar y para pensar hay que tomarse el trabajo de aprender. No hay atajos.

A principios de la década de los setenta, Norberto Bobbio dejó la Escuela de Leyes y se incorporó a la Facultad de Ciencias Políticas que acababa de nacer. Se encargó desde entonces de la cátedra de filosofía política. El acercamiento de Bobbio a la asignatura era histórico. Creía que para el análisis de cualquier enigma político, la tarea más redituable era una excursión por el pasado del pensamiento occi-

[9] *Autobiografía*, p. 131.

dental. Tras el recorrido, los conceptos quedarían limpios de las ambigüedades del uso común, permitiéndonos calibrar las razones enfrentadas. Un clásico, ha escrito Calvino, es un texto que nunca termina de decir lo que tiene que decir. Es también un texto que se convierte en el telón de fondo de nuestra mirada. Una vez que hemos leído a Maquiavelo, no podemos abrir los ojos de la misma manera.

En algún momento, Bobbio se describió como un "pedante lector de los clásicos". Era ciertamente un obsesivo lector de los grandes pensadores políticos. Leía y releía a Maquiavelo y a Rousseau, a Mill y a Marx, a Gramsci, Weber y Kelsen. Sobre todo, a Thomas Hobbes, siempre Hobbes. El calificativo de pedante, sin embargo, está fuera de lugar. No hay pedantería alguna en la lectura bobbiana de los clásicos. Los esquemas que se dibujan en el pizarrón de Bobbio no emplean en ningún momento la jerga del doctoralismo, ni caen jamás en las minucias de la erudición. La prosa de Bobbio avanza con zancadas francas y tranquilas. El profesor identificaba las ideas fundamentales, extraía su pulpa para reconstruir la lógica de su argumentación. Así conectaba conceptos y teorías revelando la actualidad de las viejas reflexiones. Sabía que leer a los antiguos era una forma de insertarse inteligentemente en el presente. Cuando el diario español *El País* le solicitó un artículo para conmemorar algún aniversario del nacimiento de Thomas Hobbes, el maestro contestó velozmente. Claro que sí: escribiré un artículo sobre la violencia en el Medio Oriente. Tenía razón: ahí estaba Hobbes.

EL ESTILO DE BOBBIO FORMÓ ESCUELA EN TURÍN. DE LA LECTURA de los clásicos podrán explorarse las preguntas recurrentes de la teoría política. De ahí brotarán los argumentos de una polémica viva que iluminará nuestra comprensión del presente. Michelangelo Bovero, su sucesor en la cátedra de

filosofía política, ha empleado con tino ese método para analizar los peligros de la democracia contemporánea. Re-
pasando el curso del maestro sobre las formas de gobierno,
Bovero recordó a Polibio y su teoría de las formas mixtas de
gobierno. El historiador romano aceptaba que las formas
simples de gobierno podrían ser, como sostenía Aristóteles,
modos virtuosos de la política. El problema era su inestabilidad: la monarquía degeneraba y se convertía en tiranía; la
aristocracia, el gobierno de los mejores, se transformaba en
una oligarquía, el gobierno de los privilegiados; y la república desembocaba en el desorden demagógico. La solución,
pensaba, era la mezcla de las formas puras de gobierno para
conformar una estructura de equilibrios y complementacio-
nes que ofreciera permanencia al gobierno. Lo que no pensó
Polibio es que la mezcla bien podría ser de las partes corrup-
tas del gobierno. La combinación de la tiranía, la demagogia
y la oligarquía es lo que Bovero llama *kakistocracia:* el pé-
simo gobierno, la república de los peores. Por supuesto, el
discípulo no estaba jugueteando con las posibilidades teóricas del modelo de Polibio. Invocaba al historiador romano
para describir la degeneración democrática provocada por
el ascenso de Silvio Berlusconi. La kakistocracia italiana es
advertencia mundial: un gobierno que enlaza el poder despó-
tico de un líder carismático, el privilegio de los potentados
y la manipulación mediática del pueblo.

La abundancia de los escritos de Bobbio (ensayos, ponencias, libros, artículos, conferencias, transcripciones de
cursos) ha hecho decir a José Fernández Santillán, alumno
y traductor de Bobbio, que su obra tiene la complejidad de
un laberinto. La imagen no es una descripción convincente.
Un laberinto es una estructura intrincada de calles y encru-
cijadas de la que es muy difícil salir. En los escritos de Bobbio no podemos perdernos. Por el contrario, quien se acerca
a un texto de Bobbio camina en todo momento con luz clara
y en campo despejado. La imagen que mejor representa el

conjunto de su obra es otra metáfora querida por Borges: el mapa. El pizarrón de Bobbio es eso: un extenso mapa de la política. En los muchos planos que Bobbio trazó se encuentra su aspiración de orden, su afán de ofrecer un panorama coherente del poder —o más bien del pensamiento sobre el poder— que nos permita ubicar nuestro sitio en el espacio. Bobbio escribe el lugar de las ideas, encuentra las cercanías y traza las distancias. Es un cartógrafo que representa gráficamente el territorio de la reflexión política occidental. Las islas de la excepción no le interesan mucho. Lo suyo son los continentes de las grandes tradiciones intelectuales: la provincia natural de Aristóteles, el reino de Maquiavelo y sus discípulos; el valle de los contractualistas, el gran enclave marxista. A Bobbio le interesan los clásicos, no los raros.

No todo cabe, por supuesto, en el tablero de Turín. Trazar un mapa es hacer una elección: unos elementos se agrandan, otros se colorean, algunos rasgos se eliminan. Todo mapa es una especie de caricatura razonada. Bobbio no dibuja, como aquellos científicos del cuento de Borges, un mapa tan minucioso que resulta la perfecta reproducción del territorio descrito: "un mapa del Imperio que tenía el tamaño del Imperio y coincidía puntualmente con él". El mapa de Bobbio es un plano que busca lo esencial, que simplifica y enfatiza. También excluye, naturalmente. El primer expulsado es el tiempo. Los clásicos de los que habla Bobbio habitan un mundo sin años, un espacio despoblado de circunstancias. La obra de los clásicos contiene una sabiduría no fechada. Precisamente por ello forman parte del canon. El único contexto de los clásicos son otros clásicos.

El acercamiento tiene sus virtudes: al expulsar la historia del pizarrón podemos observar la escenificación de los debates que cruzan los siglos. También tiene sus riesgos. Al concentrarnos en la galería de los inmortales y descartar las circunstancias que envuelven la manufactura de los textos podemos ignorar el vocabulario con el que el autor se expresa e imponer nuestras ideas a los muertos. "Quienquiera que esté familiarizado con textos de la teoría política sabe que éstos replantean desde hace siglos algunos temas fundamentales, siempre los mismos." Es posible. El mejor gobierno, las formas del cambio, la lealtad y la desobediencia, el origen del mando han sido temas efectivamente recurrentes. Pero cuando tratamos de analizar las respuestas que se han dado a estas preguntas a lo largo de la historia, corremos el riesgo de convertir a los clásicos en nuestros títeres. Se toma un autor medieval, se extrae un pasaje en el que habla de las distintas funciones del gobierno y se le hace aparecer como un visionario, como un precursor de la teoría de la división de poderes. Es el vicio que Quentin Skinner ha denunciado inteligentemente.[10] Cuando se quiere reconstruir la historia de las ideas políticas a través de la santificación de un grupo de pensadores inmortales, el historiador tiende a pensar que sus clásicos tienen una respuesta a cada uno de los problemas esenciales y que en cada pensador hay una respuesta (así sea tierna) a las preguntas eternas. Un párrafo puede servir para hacer que Maquiavelo se convierta en un teórico del multiculturalismo o que Montesquieu anticipe la respuesta debida a la amenaza terrorista.

El segundo expulsado por el marco bobbiano es el autor. El lector de los manuales podrá colocar las piezas del artefacto inventado por Hobbes: su idea del hombre, las estampas sobre la condición natural, los rasgos jurídicos del contrato, la forma del Estado, la condición civil. Pero no sabrá nada del individuo que escribió estos párrafos, nada de su gemelo, nada del avispero en el que vivió. El gran admirador de Hobbes, el lector atento del *Leviatán*, del tratado

---

[10] Quentin Skinner, "Meaning and Understanding in the History of Ideas", en *Visions of Politics, Volume I: Regarding Method*, Cambridge University Press, 2002.

sobre el ciudadano, del ensayo sobre el derecho natural, del Behemoth y otros escritos menores, rechaza en su análisis todo aquello que no llegó al papel. El cráneo de Hobbes, por ejemplo, que a decir de uno de sus biógrafos, tenía forma de martillo. La exclusión de estos rasgos es consciente: la orientación analítica de su exploración va en busca de conceptos y aparta cualquier referencia histórica o biográfica. El cartógrafo cree que cualquier referencia a la circunstancia es una "extravagancia del historicismo".[11]

No desprecio el didactismo de Bobbio. Pocas guías tan claras para iniciar una expedición por la polémica del poder. Ahí podemos ver el mapa de las bifurcaciones: la eficacia política y la conciencia moral; el derecho y la fuerza; la máquina y el organismo; la estabilidad y el cambio; la obediencia y la rebelión; la plaza y el palacio; lo público y lo privado; la legalidad y la legitimidad; la sociedad civil y el Estado. Bobbio es un maestro de la clasificación; su método es uno de los más poderosos detergentes del lenguaje político. Y eso en sí mismo es invaluable en un tiempo de vocablos enlodados. No es raro que uno de sus trabajos más importantes haya sido la publicación de un amplio diccionario de política y que el resto de sus trabajos sea una testaruda invitación a la ordenación de las palabras. Pero las inscripciones del pizarrón, por muy esclarecedoras que sean, suelen ser planas. Lo que la escritura de Bobbio tiene de claridad no siempre se acompaña de profundidad. Una parte importante de su bibliografía se compone de manuales escolares:

[11] Esta advertencia de Bobbio es clara: "En el estudio de los autores del pasado jamás me ha atraído especialmente el espejismo del llamado encuadramiento histórico, que eleva las fuentes a precedentes, las ocasiones a condiciones, se diluye a veces en particularidades hasta perder de vista el todo: me he dedicado en cambio con especial interés a la explicación de temas fundamentales, a la clarificación de los conceptos, al análisis de los argumentos, a la reconstrucción del sistema". *De Hobbes a Marx*, citado en el prólogo de Alfonso Ruiz Miguel a *Estudios de historia de la filosofía*, Editorial Debate, 1985.

instrumentos pedagógicos que no ofrecen una pista novedosa, una observación sutil, un descubrimiento agudo para el examen de la historia de las ideas. Su compendio *De Hobbes a Marx* o su *Teoría de las formas de gobierno* son eso: apuntes escolares transformados en libros. Ése es su alcance. Cuando Perry Anderson, el historiador marxista que estudió a profundidad sus escritos, dijo que Norberto Bobbio no era en realidad un filósofo original de gran estatura, estaba diciendo la verdad.

BOBBIO SE CONSAGRÓ A LA TAREA DE LIMPIAR EL VOCABULARIO DE la política. Ésa era la misión de su filosofía: construir conceptos; hacer que las pompas de jabón que emergen de la boca del demagogo se conviertan en ladrillos del entendimiento. Bobbio sentía horror por la vaguedad, por la idea confusa.[12] Recorría los pasillos de la historia para fijar el sentido de las ideas. No hubo palabra que más se empeñara Bobbio en desinfectar que la palabra *democracia*. Ninguna combinación de sílabas tan salivada en el siglo XX como esta mezcla de voces griegas. ¿Qué es la democracia? ¿Qué ha sido? ¿Qué puede ser?

El primer acercamiento al tema fue un ensayo que Bobbio publicó unos meses después de la muerte de Stalin. El acicate fue el famoso informe Jruschov que denunciaba los abusos de la era anterior. Su título era típicamente bobbiano: "Democracia y dictadura". El artículo llamaba a los socialistas a caminar sin las muletas de Marx. Cuando interrogamos al marxismo sobre los grandes asuntos de la política, el marxismo se queda callado. No tiene respuesta. El marxismo

---

[12] Cuando habla de Julien Benda en estos términos, habla de sí mismo: "Con su pasión por las definiciones netas, unida a su horror por la vaguedad y por la idea confusa, que no se integra en relaciones bien definidas con otras ideas". *La duda y la elección. Intelectuales y poder en la sociedad contemporánea*, Barcelona, Paidós, 1998, p. 31.

era un enorme agujero político. Sobre los grandes temas, Marx simplemente no dijo nada importante. Sus preocupaciones eran otras. De ahí que la tarea urgente de la izquierda era voltear la vista a quienes había considerado enemigos: a los diseñadores de las instituciones liberales. La respuesta de la capilla no se hizo esperar. Lo acusaron de reaccionario, traidor, burgués que pretende congelar la nave de la historia e impedir la marcha triunfante de la clase obrera.

Veinte años después, a mediados de los setenta, Bobbio regresaba a aquellos temas. En la revista del Partido Socialista publicaba ensayos sobre dos ausencias: la primera era una teoría marxista del Estado; la segunda, una alternativa a la democracia representativa. Los breves párrafos que Marx dedica a la experiencia revolucionaria francesa no bastan para conformar una idea del Estado, un argumento consistente sobre la forma de gobierno. Si el marxismo es una crítica de las formas políticas del capitalismo, es una crítica que no se toma en serio como alternativa. No hay ahí teoría política porque el marxismo y, sobre todo, el leninismo, se concentraron en el problema de la conquista del poder, olvidando los problemas de su ejercicio. Además, el marxismo no puede ocultar la fantasía anarquista que lo embruja. Después de todo, el Estado estaba destinado a desaparecer y a ser enterrado, como dicen quienes creen conocer el desenlace de la aventura humana, en el "basurero de la historia".

Gaetano Della Volpe, discípulo de Mondolfo y el mismo Togliatti, dirigente del Partido Comunista, respondieron. Veían en la invitación de Bobbio una traición a Marx, un abandono del pensamiento socialista para entregarse en brazos de Benjamin Constant, el ingeniero de las instituciones enemigas. Mientras Bobbio leía a los apóstoles de la burguesía, ellos se guarecían en los mausoleos de Marx y de Rousseau. Bobbio respondió a los ataques con tranquilidad. Desenvolvía el hilo de sus argumentaciones con elegancia y enorme fuerza persuasiva, pidiendo a los comunistas desconfiar del "progresismo ardiente" que, entre cantos a la fraternidad, conducía a la dictadura del partido único.

En la esgrima de la polémica, Bobbio nunca pierde piso. Esquiva las descalificaciones con gracia; escucha los argumentos y rebate con agilidad; funda sus razones en sus clásicos, condimenta sus alegatos con ironía pero no mira nunca con desprecio a sus críticos. Los escucha. Les responde. Bobbio va tejiendo suavemente en esas intervenciones uno de los más sólidos alegatos por la democracia. Se trata, en efecto, de una defensa democrática de la democracia, una argumentación parida en el foro de la discusión pública.

Ahí, en el combate con los citadores marxistas, se solidifica el entendimiento bobbiano de la democracia. El régimen democrático aparece como un procedimiento que abre las puertas de la decisión a la participación colectiva. No es un resultado: es un método. La fuente principal de esta visión procedimental proviene del autor que tanto lo influyó en sus escritos jurídicos: Hans Kelsen. El jurista austriaco entendió la democracia como un régimen político en el que los ciudadanos eran autores (directos o indirectos) de sus reglas. La democracia no es un régimen que exprese la verdad o la justicia: es un sistema político en el que los individuos participan en la formación de sus normas, al elegir a quienes las dictan. Kelsen también había subrayado la importancia de las instituciones de la competencia, particularmente de los partidos políticos y el respeto de los derechos de las minorías. Sin partidos (el plural es imprescindible) no hay democracia. Tampoco existe ahí donde no hay refugio para la minoría.[13] Schumpeter reforzaría esta visión. La democracia no es, como quieren los rousseaunianos, el reino de la Voluntad General; no es la conquista de la felicidad pública; es apenas un modesto procedimiento competitivo.

---

[13] *Esencia y valor de la democracia*, Barcelona, Editorial Labor, 1977.

Se trata, dice el economista austriaco, de un método en el que los encargados de decidir adquieren el poder a través de la competencia electoral.[14]

Ésos son los ingredientes del pastel: reglas, competencia, derechos. La democracia se ataba al imperio de normas y la tolerancia. "¿Qué cosa es la democracia sino un conjunto de reglas (las llamadas reglas del juego) para solucionar los conflictos sin derramamiento de sangre?"—pregunta Bobbio parafraseando a Popper.[15] El italiano destacaba cuatro reglas constitutivas del juego democrático: el sufragio universal, la regla de la mayoría, las libertades individuales y los derechos minoritarios. La democracia era un procedimiento, no una sustancia. Pero se trataba de un procedimiento del que colgaba la coexistencia pacífica entre los hombres. El ideal debía ser abrazado sin reservas por la izquierda porque se trataba del único espacio conocido en donde pueden coexistir seres libres y autónomos; en donde podría abrirse camino la voluntad colectiva sin aplastar la voz de la discrepancia. El vacío teórico de la política marxista debía ser llenado sin vergüenza por el liberalismo. Quien conoce la capacidad destructiva del poder sabe que las instituciones y las prácticas liberales no son los muros de la prisión capitalista, sino las columnas de la autonomía individual.

Fue así como participó en la inyección de la vacuna liberal en una parte importante de la izquierda. Lo hizo desde dentro, desde la izquierda misma, rechazando los dogmatismos y la gritería de la época. La democracia, que seguía siendo caricaturizada en el Partido Comunista como un palacio de engaños, como la tiranía de la burguesía triunfante, es definida por Bobbio como un requisito de civilización. La tarea de la izquierda era, en efecto, reconciliarse

---

[14] *Capitalism, Socialism and Democracy,* Nueva York, Harper and Row, 1975.

[15] *El futuro de la democracia,* México, Fondo de Cultura Económica, p. 136.

con el liberalismo y reconocer el valor de los mecanismos democráticos. La izquierda contemporánea tenía que volver a ser lo que había sido originalmente: liberal. Mientras muchos discutían sobre las condiciones objetivas del levantamiento revolucionario y seguían soñando con el asalto al poder, Bobbio defiende usos tan aburridos como el voto o personajes tan antipáticos como los partidos políticos. Su alegato no era la campaña de un entusiasta; era la persuasión de un desencantado. Tal vez la democracia liberal no asegure un ejercicio más humano del poder. Tan sólo un poder menos brutal. Diminuta y gigantesca diferencia. Por eso mismo, quien sabe defender la democracia sabe no pedirle demasiado: "el único modo de salvar la democracia es tomarla como es, con espíritu realista, sin ilusionar y sin ilusionarse".[16]

Por eso el demócrata tiene que ser, como Tocqueville, un crítico de la democracia. Bobbio lo fue, enérgicamente. En uno de sus ensayos más populares presenta la democracia como decepción. La democracia se empeña en ofrecer lo que no cumple. Es lo que llama las "promesas incumplidas de la democracia". La democracia nos ofreció la desaparición de los intermediarios que se apropian de la voz ciudadana; aseguró que liquidaría a las pandillas del poder; dijo que se iba ir ensanchando hasta cubrir todos los espacios sociales; juró eliminar el secreto y cultivar al ciudadano virtuoso. Nada de esto ha pasado. La democracia realmente existente está plagada de vicios. Las camarillas y las corporaciones imponen sus intereses; el secreto oculta el proceso decisorio mientras las máquinas burocráticas se alejan cada vez más del examen público. El ciudadano, encerrado en su propio mundo, apenas se interesa en el espectáculo. Y sin embargo, la democracia sigue siendo un ideal defendible.

---

[16] Eso lo dice al reseñar la *Teoría de la democracia* de Giovanni Sartori: "La democracia realista de Giovanni Sartori", *Nexos*, febrero de 1990.

A pesar de todas sus miserias, la democracia merece apoyo más que por méritos propios por la miseria de sus alternativas. Bobbio respaldaría la expresión de Churchill: lo único que salva a la democracia es que el resto de las formas de gobierno son mucho peores. Toda decisión política es una elección entre males.

LA IMPORTANCIA DEL ARGUMENTO DE BOBBIO ESTÁ, SOBRE TODO, en el lugar desde el que se expuso. La concepción democrática que Bobbio construye no es original. Popper, Kelsen, Schumpeter habían armado ya el modelo procedimental. Lo importante es que Bobbio habla en el territorio de la izquierda. Desde ahí polemiza con los intelectuales socialistas y los voceros del Partido Comunista. Ésa es su tribuna y su auditorio. El propio título del libro que contiene sus aportaciones al debate es claramente un guiño: *¿Qué socialismo?* Ése es el título de sus reflexiones sobre... la democracia. En realidad, la compilación no es una meditación sobre el socialismo deseable o el tipo de socialismo posible, como anuncia el letrero en la portada. Es una potente defensa del régimen democrático, de sus reglas y de sus valores. Es también una advertencia sobre las dificultades y las amenazas del pluralismo. Pero el socialismo de la portada se esconde entre las hojas. La palabra apenas se asoma tímidamente en los últimos párrafos del libro y se le pinta con palabras vagas. Lo que es claro es que Bobbio quería dirigirse a los socialistas. Quería discutir con la izquierda desde su propia provincia y por ello empleaba su lenguaje y trataba con cautela a sus ídolos.

La crítica de Bobbio al marxismo en aquellos ensayos políticos tempranos es francamente timorata. Vista a la distancia de las décadas, no puede dejar de advertirse el modo en que Bobbio esquiva la confrontación con la médula materialismo histórico para enfrentarse con enemigos fáciles.

Se lanza contra el fanatismo marxista, pero se cuida de no criticar la lógica del marxismo. Arremete contra los lectores de Marx, no contra Marx; critica lo que Marx no dice, evitando calificar lo que sí dice. Censura la ausencia de una teoría política marxista. A los marxistas no les reprocha serlo, sino serlo *exclusivamente*. Bobbio trata sentimentalmente al marxismo. En alguna ocasión habló de la filosofía marxista como una moral, como una ventana ética que permitía ver el drama de la historia desde el lado de los oprimidos.[17] Pero el marxismo no es el cuento de navidad de Dickens. Su pretensión fundamental es ser filosofía —y no cualquiera: la filosofía de la liberación final del hombre. Aquí hay una noción que Bobbio, lector de Popper, no se atreve a llamar por su nombre. En su momento de mayor lucidez vuelve a traicionarlo su blandura. Como en los tiempos de su juventud, cuando se hacía aparecer como fascista entre los fascistas y liberal entre liberales; ahora se presentaba como un tipo de marxista (heterodoxo, por supuesto) ante los marxistas. No lo era.

Las concesiones retóricas pueden ser eficaces. Una crítica frontal al marxismo habría cerrado los oídos de quienes había elegido como interlocutores. Pero la estrategia lo hace tropezar en absurdos insostenibles. En su defensa del reformismo escribe Bobbio: "Si es lícito hablar de un marxismo reformista, leninismo y reformismo son dos términos incompatibles; hablar de leninismo reformista sería como hablar de un círculo cuadrado". Y luego remata su absolución política del marxismo separándolo de sus discípulos

[17] En una respuesta a Palmiro Togliatti, el secretario del Partido Comunista Italiano, escribe: "Estoy convencido de que si no hubiéramos aprendido del marxismo a ver la historia desde el punto de vista de los oprimidos, ganando una nueva e inmensa perspectiva en el mundo humano, no nos habríamos salvado". Aquí el guiño es mayor: el marxismo como revelación, como ruta de salvación. La cita es recogida por Alfonso Ruiz Miguel en *Política, historia y derecho en Norberto Bobbio*, México, Fontamara, 1994, p. 29.

equivocados. Quien "piense que el leninismo es la consecuencia natural del marxismo —a nivel práctico, no sólo
teórico— está totalmente fuera de la lógica y de la práctica
del reformismo". ¿Puede, en efecto, hablarse de un Marx
reformista? No. Arrancarle la revolución a Marx es como ro-
barle el cielo a los cristianos.

Bobbio había leído *La sociedad abierta y sus enemigos*
de Karl Popper y, un año después de que apareciera en inglés, había publicado una reseña elogiosa del libro. Sin embargo, en sus disputas con la izquierda, no invoca el nombre
de quien mostró la raíz totalitaria del pensamiento marxista.
Hablar de Popper era cruzar la frontera e instalarse en el
territorio de la derecha. Al mismo tiempo que Bobbio publicaba sus argumentos sobre la democracia evadiendo el
cuestionamiento frontal, Leszek Kolakowski se preguntaba
sobre el vínculo entre el marxismo y el estalinismo.[18] El filósofo polaco sostenía que el marxismo contenía la semilla
del horror totalitario. El sueño de la humanidad liberada
implicaba la eliminación de las maquinarias instituidas por
la burguesía. Una sociedad reconciliada no necesitaría ley,
ni Estado, ni democracia representativa, ni libertades individuales. Todos estos dispositivos eran vistos como una
expresión de una sociedad dominada por el mercado. El
problema político del marxismo no son simplemente, como
quiere hacernos creer Bobbio, sus silencios. En su esqueleto está inevitablemente el armazón totalitario.

BOBBIO FESTEJÓ LA CAÍDA DEL MURO DE BERLÍN A SU MODO: CON
una advertencia. La demolición del muro a martillazos era
una derrota de la mala izquierda, un apremio para la buena. La izquierda represiva y despótica se había convertido

---

[18] "Marxist Roots of Stalinism", en Robert C. Tucker, *Stalinism. Essays
in Historical Interpretation,* Nueva York, Norton, 1977. El libro de Bobbio
había sido publicado un año antes en Italia.

en cascajo, los símbolos marciales de la patria proletaria a la venta de los turistas. El proyecto de la fraternidad terminó siendo una cárcel opresiva y miserable. La historia y sus sorpresas daban la razón a Bobbio. El programa de los disidentes victoriosos era precisamente el que el italiano pedía a la izquierda treinta años antes: libertades democráticas: seguridad frente a la arbitrariedad, libertad de prensa, autonomía de reunión, libertad asociativa. Pero Bobbio no baila en el féretro del comunismo totalitario. El espacio liberal que se abría paso no podía ser el final del camino. El Estado democrático que Bobbio siempre defendió era tan necesario como insuficiente. En un mundo de injusticias atroces no puede pensarse que los problemas radicales de la convivencia desaparezcan con formalidades. ¿Podrán las democracias triunfantes atacar eficazmente el problema de la desigualdad o serán atrapadas por los vericuetos procedimentales? Ése será su desafío central. Ante el fracaso del comunismo, Bobbio renovaba su confianza en la izquierda. Se propuso así precisar su naturaleza.

Entenderíamos el mundo de manera muy distinta si, en lugar de tener dos manos, dos ojos y un par de piernas, estuviéramos constituidos de otra forma. El cuerpo nos impulsa a ordenar el universo en parejas: el día y la noche; el frío y el calor; arriba, abajo; sí, no. Seguramente los ocho tentáculos y el ojo del pulpo registrarán el universo marino de una manera muy distinta a la que nos impone nuestra anatomía binaria. El novelista francés Michel Tournier escribió un libro bellísimo sobre las parejas en las que descansa nuestra concepción del mundo. Los conceptos que nos sirven de brújula aparecen en pareja: cada uno de ellos tiene un contrario que es tan fuerte como él mismo. Hombre y mujer; la risa y el llanto; el toro y el caballo; el animal y el vegetal; la memoria y la costumbre; la poesía y la prosa; dios y el diablo. Las ideas, al parecer, no caminan solas, se enlazan en nuestro entendimiento con su opuesto: quien nunca ha probado la sal no conoce el sabor del azúcar.[19]

Bobbio procede de manera semejante. El retratista del pensamiento político traza el contorno de los conceptos con la silueta de su idea contraria siempre en mente. Y no hay faro más relevante en el mundo de la acción política que la que permite distinguir la izquierda de la derecha. ¿Qué significa estar a la derecha en teatro ideológico? ¿Quién es un hombre de izquierda? Recogiendo el uso común de las palabras, podría decirse que derecha es conservación, un amor por las tradiciones que deben defenderse frente a los quejumbrosos que quieren cambiarlo todo. La izquierda es denuncia de lo existente, rebeldía frente a lo acostumbrado. Unos ven el futuro como amenaza, los otros pretenden emanciparnos de las cadenas de la historia. La derecha se somete a las imperfecciones de nuestra condición natural; la izquierda denuncia las injusticias de nuestra circunstancia. El pecado de la derecha es el cinismo; el pecado de la izquierda es la ingenuidad. Un derechista, apuntó Ambrose Bierce en su diccionario endiablado, es un político enamorado de los males existentes. Se distingue así del izquierdista, que quiere reemplazarlos por nuevos males.

Nacida en tiempos revolucionarios, hay quienes han decidido tirar la distinción a la basura: se trata, dicen, de una brújula obsoleta: dos nombres que designan cajones vacíos, banderas que han dejado de congregar a los combatientes de la política contemporánea. Para Bobbio, la distinción sigue tan vigente como en aquel día en que se decidió el arreglo de los asientos en la Asamblea Nacional Francesa. Hoy como entonces, izquierda y derecha expresan la necesidad de encontrar un sentido de pertenencia y un antagonismo primordial que separe el campo de batalla. La distinción, insistiría Bobbio, no solamente sigue viva en el

---

[19] Michel Tournier, *El espejo de las ideas*, Barcelona, El acantilado, 2000.

lenguaje público, sino que siguen vivas las razones que le dieron origen.

El eje de izquierda y derecha se traza por las actitudes frente a la igualdad. Ése es el argumento de Bobbio. La izquierda es esencialmente igualitaria. Lo es, no porque pretenda uniformar a la humanidad o porque desconozca la existencia y hasta el valor de algunas desigualdades, sino porque estima que la acción política puede y debe esforzarse para reducir las disparidades en la distribución del poder y el dinero. La derecha, por el contrario, cree que el proyecto de la igualdad es imposible o indeseable. Desde la izquierda puede entenderse que los hombres sean, en muchos aspectos, desiguales. Efectivamente, los hombres son entre sí tan iguales como desiguales. Lo importante es que, desde la izquierda, se aprecia mayormente lo que asemeja a los hombres y se busca, ante todo, eliminar los abismos de la desigualdad. La izquierda busca atenuar las diferencias; la derecha pretende reforzarlas.

> Se puede llamar correctamente igualitarios a aquellos que, aunque no ignorando que los hombres son tan iguales como desiguales, aprecian mayormente y consideran más importante para una buena convivencia lo que los asemeja; no igualitarios, en cambio, a aquellos que, partiendo del mismo juicio de hecho, aprecian y consideran más importante, para conseguir una buena convivencia, su diversidad.[20]

La desigualdad que complace a la derecha por ser vista como espejo de un diseño natural, indigna a la izquierda como arbitrariedad de la historia.

De ahí que la derecha tienda a cobijarse en la legitimidad de la tradición, mientras la izquierda confía en los artificios de la razón. La derecha, dice Bobbio, "está más dispues-

---

[20] Norberto Bobbio, *Izquierda y derecha*, Madrid, Taurus, p. 146.

ta a aceptar lo que es natural, y aquella segunda naturaleza que es la costumbre, la tradición, la fuerza del pasado". La izquierda, por el contrario, no encuentra razones para inclinarse ante el hábito de los siglos. Su convicción radica en la eficacia de la acción humana para transformar el mundo. El naturalismo de la derecha contrasta con el artificialismo de la izquierda. No hay nada más lejano al pensamiento de la izquierda que el culto a la tradición, el enamoramiento de los ritos y las prácticas ancestrales exaltadas por el solo hecho de ser antiguas. Nada más extraño al mundo de la izquierda que la pretensión de perpetuar las diferencias escudado en el argumento de la costumbre. La izquierda es, a un tiempo, proyecto de igualdad y proyecto de razón.

Igualdad y razón. Aquí podría estar la fórmula de la izquierda bobbiana. Un ideal y un método: fraternidad y cordura. La izquierda en la que cree Bobbio ha de ser, por eso, tan lejana a las exclusiones como al fanatismo. El espíritu laico es la bujía que la izquierda no puede negar a menos que se niegue a sí misma. De su indispensable laicidad provienen sus impulsos esenciales: compromiso con el rigor crítico, rechazo al dogmatismo, desprecio de la demagogia, censura de la superstición. Bobbio no puede dejar de ver a la izquierda como la hija más fiel de las luces. Quizás ésa es una de sus aportaciones más persistentes: desde el denso óxido del pesimismo se asoman dos luces: la defensa de la igualdad, la defensa de la razón.

LA VEJEZ HIZO QUE EL FILÓSOFO VOLTEARA A SÍ MISMO. UN HOMbre dedicado a comentar los escritos de los clásicos y a aprovechar sus enseñanzas para orientar el debate de día, volvió los ojos hacia su experiencia. El vuelco es curioso. Su filosofía política es una especie de negación de sí mismo porque caminó siempre de la mano de sus clásicos. No me oigan a mí, escuchen la advertencia de Maquiavelo, la propuesta de Constant, la lógica de John Stuart Mill. Su inteligencia ordenadora apenas se escucha como la voz de un intérprete de las ideas de otro. Pero después de cumplir los ochenta años, Bobbio fue separándose de los temas académicos para acercarse a su experiencia. Frente al antiguo deleite de los conceptos, el viejo ahora se descubre saboreando los afectos. Fue así que Bobbio fue cediendo a la tentación de hablar de sí mismo.

En su ensayo sobre la vejez escribe que "el gran patrimonio del viejo está en el maravilloso mundo de la memoria". Cariños devorados por el tiempo, lugares visitados en años remotos, fragmentos de poesías memorizadas en la adolescencia, escenas de películas y de novelas. Amigos, familia, amores. Pero la vejez es horrible. Engaña quien dice lo contrario. Con frecuencia, hasta la memoria, la única fortuna, se extravía. Camina despacio, se rezaga, se repite, aburre. Hay una frondosa tradición literaria que elogia la vejez. La publicidad quiere hacer de los ancianos hombrecitos arrugados, sabios y sonrientes, felices de pasear por el mundo. No se les llama ancianos sino "personas de la tercera edad". Al hacerlo, estos mensajes hacen de la vejez una nueva mercancía, una nueva clientela. La vejez es terrible. Quien alaba la vejez no le ha visto la cara, dice, parafraseando a Erasmo. Basta ver el dolor de los hospitales, la soledad de los asilos, la desesperanza de los enfermos. El viejo Bobbio sabía que la vejez es fea y que además dura una eternidad. Toda la vida por detrás. Ha llegado al final. El futuro no le pertenece al viejo. Delante, la muerte. Bobbio la encara sin esperanza. "Como laico —decía— vivo en un mundo en el que la dimensión de la esperanza es desconocida." La muerte es el fin, la entrada al mundo del no ser.

En el epílogo de *El hacedor,* Borges hace el retrato de un anciano. "Un hombre se propone la tarea de dibujar el mundo. A lo largo de los años puebla un espacio con imágenes de provincias, de reinos, de montañas, de bahías, de naves, de islas, de peces, de habitaciones, de instrumentos, de astros, de caballos y de personas. Poco antes de morir, descubre que ese paciente laberinto de líneas traza la imagen de su cara." Bobbio, un hombre que se propuso dibujar el mundo de la política, delineó en su cara la imagen de la templanza. Ésa era su virtud más querida y a ella dedicó uno de sus últimos ensayos.

Ernesto Treccani, amigo suyo, organizaba un ciclo de conferencias para elaborar un diccionario de virtudes. Al pedirle a Bobbio su colaboración, él de inmediato eligió la templanza. El diccionario nunca se completó, pero el ensayo sí alcanzó la imprenta. *Elogio della mitezza* fue el título en italiano. Los traductores al español explican las dificultades para trasladar *mitezza* al español. La palabra puede convertirse en mansedumbre, aunque el término parece aplicable más a los animales que a los hombres. *Mitezza* es mesura, moderación, flexibilidad, dulzura, ductilidad, suavidad.

Bobbio no había estado inclinado a tratar las virtudes. Moderno, discípulo de Hobbes, receloso de la ampulosa retórica republicana, Bobbio no creyó en ningún momento que la convivencia pudiera sostenerse en los pilares de la bondad. Era la corpulencia de un Estado que castiga, no la llama de la moral lo que puede dar sentido a la convivencia. Frente a la ética de las virtudes, el escéptico abraza decididamente la ética de las reglas. Pero el Bobbio de las confidencias últimas toca lo que su teoría había ignorado. El cartógrafo habla así de la virtud que más quiere. No habla de ella como si fuera el atributo moral por excelencia, como si la templanza fuera la reina de las virtudes humanas. Para él es algo más modesto pero mucho más entrañable: el abrigo moral de una personalidad dubitativa. Bobbio escribe sobre la templanza como escribiendo uno de los capítulos no escritos de la *Crítica contra mí mismo* que alguna vez quiso publicar, recordando a Croce.

Hay quien ha visto los miles de papeles dispersos, los cientos de conferencias, las ponencias y cátedras de Bobbio como un esfuerzo por construir una teoría general de la política. Así se llama precisamente la antología que su discípulo Bovero preparó recientemente para la editorial Trotta. Es cuestionable que ése haya sido el resultado de la obra bobbiana, pero, en todo caso, lo notable de su reflexión sobre la templanza es que se ubica claramente en el territorio de lo apolítico. La mía, dice Bobbio, es la más antipolítica de las virtudes. Más que elogio, la templanza merece el vituperio del príncipe: decir suave es decir débil, vacilante, irresoluto. Es dócil el cordero, animal martirizado; no el zorro o el león, las queridas bestias de Maquiavelo. Ahí está su atractivo: "no se puede cultivar la filosofía política sin intentar entender lo que está más allá de la política, sin adentrarse en la esfera de lo no político, sin establecer los límites entre lo político y lo no político".

Bien, pero ¿cuál es la suavidad que Bobbio elogia, la templanza con la que se identifica? Ante todo, es lo contrario de la arrogancia.

> El moderado no tiene una gran opinión de sí mismo, no ya porque se menosprecie, sino porque es propenso a creer más en la miseria que en la grandeza del hombre, y él es un hombre como todos los otros. [...] El moderado es aquel que "deja ser al otro aquello que es", incluso si el otro es el arrogante, el perverso, el prepotente. No entra en la relación con los otros con el propósito de competir, de pelear y al final de vencer. Está por completo más allá del espíritu de la competencia, de la concurrencia, de la rivalidad, y por lo tanto también de la victoria. En la lucha por la vida es en realidad el eterno derrotado.[21]

---

[21] Bobbio, *Elogio de la templanza y otros escritos morales,* Madrid, Editorial Temas de Hoy, 1997.

En esto último se equivoca Bobbio. La templanza es al hombre lo que la ductilidad es a los cuerpos sólidos. El moderado no es el "eterno derrotado" porque no contiende. Atraviesa el fuego y no se quema.

Pero la blandura del moderado tiene un límite, un hierro definitorio. Lo declara Bobbio en una confesión tardía: "detesto con toda mi alma a los fanáticos".

LIBERALISMO TRÁGICO

Lástima que al paraíso se vaya en coche
fúnebre.   STANISLAW LEC

GRETA GARBO se le quedó mirando unos segundos. Se encontraron en Nueva York. La diva lo saludó brevemente y solamente alcanzó a decirle a Isaiah Berlin con su voz gruesa y su mirada triste: "You have beautiful eyes". Isaiah Berlin enmudeció. Ocultos entre las ventanas redondas de sus lentes, los ojos del profesor eran oscuros, vivos, brillantes. Tal vez la actriz, que diera vida a la temible belleza de Mata Hari, lograba ver que en esos ojos tímidos se asomaban muchas miradas, muchos hombres, muchos siglos. Eran los ojos de una inteligencia que podía ver el mundo desde ventanas opuestas; los ojos de un hombre al que nunca bastó su mirada. Escribió alguna vez Marcel Proust que el único viaje auténtico "no consiste en ir hacia nuevos paisajes sino en tener otros ojos, ver el mundo con los ojos de otro, de cien otros, ver los cien mundos que cada uno de ellos ve". Berlin hizo de su vida ese viaje auténtico: vio el mundo con los ojos de cien otros. Vio el mundo como lo veía Maquiavelo y Kant; como Dostoievski y Tolstoi; como Marx y como Mill; como un zorro y un erizo. Berlin vio la historia con la mirada de muchos.

Berlin veía a un hombre "intolerablemente feo" cuando se encontraba en el espejo. Su hábito de menospreciarse quizá comenzó con el desagrado que sentía por el trazo de sus facciones. Un elefante de hombros estrechos y brazos torpes. Por eso el piropo de Greta Garbo lo había dejado sin habla. El conferencista estaba acostumbrado a esquivar

otros elogios, no éste. Al primer encuentro, no eran sus ojos
lo que capturaban la atención. Era su voz, su acento, su dicción, la velocidad con la que concatenaba largas frases
como si fueran las letras de una interjección lo que cautiva-
ba a sus interlocutores. Uno de sus maestros de secundaria
quedó maravillado con su conversación: es como si en vez
de hablar, estuviera tocando un instrumento. No una flauta
que cantara buscando la belleza, sino saboreando el placer
de sonar. Como una fuente. No hay ningún amigo, ningún
discípulo, ningún colega que no retenga el bólido de su expresión como uno de los recuerdos más perdurables. La voz
de Berlin galopando sin pausa. Se trata, recuerda un profesor de Oxford, del único hombre que pronuncia la palabra
"epistemológico" como una sola sílaba. Cuando Joseph
Brodsky empezaba su exilio en Londres, escuchó la voz de
Isaiah Berlin por el teléfono. Al otro lado de la línea, oía al
admirado autor de los ensayos sobre la libertad hablando a
la velocidad más extraordinaria. Era, recuerda el gran poeta ruso, como si la velocidad del sonido estuviera corretean-
do a la velocidad de la luz.[1]

Las palabras de Berlin se sucedían con una rapidez
inaudita pero sin atropellarse. En su discurso sin respiros
ni silencios, el hilo de la razón se desenvolvía con limpieza.
Tras la prisa en la voz estaba la serenidad de una partitura.
Puede escucharse así en las grabaciones de sus conferencias. El flujo de su palabra es fogoso y en ocasiones oscuro,
pero la velocidad no conduce a la imprecisión o al tropiezo.
Cada exposición tiene una armadura perfecta. Se traza una
propuesta, se dibujan las ideas capitales, se examinan las
objeciones, se formula finalmente una tesis. En la carrera
de las voces no hay frase que quede sin final ni idea que no
encuentre desenlace. Cada paréntesis con su apertura y su

[1] Joseph Brodsky, "Isaiah Berlin: A Tribute", en Edna Ullmann-Marga-
lit y Avishai Margalit, *Isaiah Berlin. A Celebration,* Chicago, The University
of Chicago Press, 1991.

clausura. Por eso los asistentes a sus conferencias legendarias, quienes escuchaban al profesor en sus transmisiones de radio, quedaban maravillados por la gracia melódica de su palabra, por la arquitectura sinfónica de su inteligencia.

Hay una tercera marca en su voz: los estratos de su acento. Berlin llegó a ser el prototipo del *gentleman:* elegante, culto, puntilloso y suave. El traje, siempre de tres piezas. Pero el más inglés de los ingleses era también un hombre venido de fuera: el menos inglés de los ingleses.[2] En su voz se percibía esta tensión. En el paladar del caballero se mezclaban las capas de su identidad. Como dice su biógrafo Michael Ignatieff: "La genealogía de sus manierismos vocales es la historia de cómo todas las capas de su identidad se asentaron en su voz".[3] Sonoridades eslávicas y judías fundidas en las modulaciones de la aristocracia intelectual británica.

ISAIAH BERLIN NACIÓ EL 6 DE JUNIO DE 1909 EN RIGA, LA CIUDAD báltica que después sería capital de Letonia y que entonces formaba parte del imperio zarista. Su nacimiento fue tenido por un milagro. Unos años antes, su madre había dado a luz a una niña muerta y había recibido de los médicos la condena de que no conocería la maternidad. Ahora el parto volvía a complicarse. Después de largas horas de tensión y de angustia en que la sombra de la muerte volvió a asomarse, el doctor tomó los fórceps y tiró del brazo izquierdo del bebé con tal fuerza que sus ligamentos quedarían permanentemente dañados.[4]

---

[2] Así lo describe Ian Buruma recordando a su amigo: "The Last Englishman", en *Anglomania. A European Love Affair*, Nueva York, Vintage, 1998.

[3] Michael Ignatieff, *Isaiah Berlin. A Life*, Nueva York, Metropolitan Books, 1998, p. 3.

[4] Las referencias biográficas provienen del libro de Ignatieff, sin duda la mejor reconstrucción de la vida de Berlin.

Sin hermanos, Isaiah viviría apegado a sus padres en esa pequeña ciudad en los bordes del imperio. Mendel, su padre, era un comerciante judío inteligente y tímido. Marie, su madre, era una mujer redonda y bajita que adoraba la ópera italiana. A los siete años la familia se mudó a San Petersburgo. Como John Stuart Mill, Isaiah no fue a la escuela. Aprendió de los libros de la casa. Su educación se alimentó de la biblioteca de la familia que estaba en el piso superior de una fábrica de cerámica. La ausencia de una educación formal no limitó su formación. Al cumplir diez años había leído ya *La guerra y la paz* y *Ana Karenina*. Mientras estudiaba hebreo y el Talmud, se adentraba en las historias de Julio Verne y los mosqueteros de Dumas. Muchas lecturas y pocos juegos.

En invierno de 1917 los tres Berlin se acercaron a las ventanas de su casa ante el clamor que venía de las calles. El murmullo se hacía cada vez más claro: "Todo el poder a la Duma", "Tierra y libertad", "Abajo el zar". Mendel y Marie compartían la emoción popular. Veían en ella un clamor de justicia, un grito contra el despotismo. Unos días después, cuando las cosas parecían tranquilizarse, el niño de siete años y medio salió a la calle. Iba a comprar un libro de Julio Verne cuando encontró un grupo de hombres que arrastraba a un sujeto dominado por el pánico. Era un policía municipal que había sido descubierto por los revolucionarios. La escena pasó velozmente frente a los ojos del niño que bien pudo anticipar que el hombre al que arrastraban los rebeldes no escaparía con vida. La imaginación del niño se anticipaba a lo que vendría: la aniquilación de un hombre a manos del odio. La escena tatuó la memoria de Isaiah Berlin. Pronto los padres de Isaiah descubrieron que la revolución liberal se convertía en algo muy distinto. Encontraban en Lenin las convicciones de un fanático peligroso.

Para 1919, la familia Berlin fue obligada por el comité de vivienda a desalojar los cuartos que no usaban en su departamento. Ocupada por extraños, su casa dejó de ser suya. La atmósfera se fue tornando hostil: cateos frecuentes, privaciones, miedo. En una ocasión, sus habitaciones fueron saqueadas por la policía secreta en busca de joyas. Fue entonces que la familia decidió salir de la Rusia bolchevique. Mendel Berlin no estaba dispuesto a soportar la sensación de ser invadido en su propia casa, el aislamiento, el espionaje constante, los arrestos caprichosos y la impotencia frente a la locura de los golpeadores.

En octubre de 1920 salieron de San Petersburgo. Después de una breve estancia en Riga, se instalarían en Inglaterra, la isla que el padre idealizaba como ciudadela de la verdadera civilización. El hijo heredaría este amor por lo británico. Para Isaiah Berlin, Inglaterra era la roca de la que brotaron los principios que más amaba. Ahí germinaron la tolerancia y el respeto a los otros. Ahí se estableció el reino de las leyes. Una isla que, a diferencia del continente, no había acogido al fanatismo; una tierra que valoraba la libertad sobre la eficiencia y que apreciaba la dulzura de algunas incoherencias por encima del áspero orden de los dogmáticos.

El niño pudo adaptarse con velocidad a la ciudad, a la escuela, al idioma. Ganó una beca que le permitió entrar a Oxford para convertirse después en profesor de la más antigua universidad inglesa. Para 1933, cuando era un profesor desconocido que apenas había publicado unos cuantos artículos sobre música en revistas estudiantiles, recibió el encargo de escribir una monografía sobre Karl Marx. Berlin no había sido la primera opción de los editores de esta colección de textos universitarios. Antes habían buscado a Sidney y Beatrice Webb y a Harold Laski. Todos rechazaron la propuesta. Berlin la aceptó sin saber mucho del personaje y sin sentirse atraído por el edificio que había construido. A decir verdad, Marx era el origen de un régimen que abominaba. En la universidad había tratado de leer *El capital* mas encontró intolerable su prosa. Pero escribir de Marx era para él la única manera de conocerlo. Así, Berlin pasó cinco años en compañía de este hombre que le resultaba antipático.

Aprendió a apreciarlo. Por lo menos, a entenderlo. El resultado de este trabajo de juventud es un libro en el que ya pueden encontrarse las luces de su obra madura. Ahí respiran con vida las ideas de Marx. No son piezas de granito sino pulsaciones que obedecen a un impulso vital. Berlin entra a las aulas donde Marx estudió filosofía en Berlín; lee sus libros juveniles; lo acompaña en su viaje a París para admirar su talento polémico y para palpar la cuerda de sus amistades y sus rivalidades; registra sus gustos literarios y sus disposiciones anímicas; lo sigue en un largo día de exilio londinense. La imagen de la historia, el entendimiento de la economía, el anticipo del futuro no aparecen como bloques de bronce, sino como derivaciones de una inteligencia extraordinaria. A Berlin nunca le interesó la economía y mucho menos la marxista. De hecho sintió siempre una desconfianza profunda por las ciencias sociales. Veía en ellas una palabrería vanidosa e inculta. Lo que le interesaba era la hechura de las ideas, la fascinante vida del pensamiento. Para entender a Marx, Berlin actúa como reportero que registra las pugnas, las alianzas, los forcejeos de su vida; es un metiche que escudriña papeles privados y cartas; un novelista que detalla atmósferas e imagina razones del actuar; un intérprete que hilvana los fragmentos de su obra para tejer un cuadro claro de su pensamiento; un abogado que defiende a su cliente de las denuncias de sus enemigos y un crítico que exhibe las debilidades y peligros de sus ideas.

Es cierto que hay vacíos importantes en la monografía.[5] A más de sesenta años de que fuera publicada, no puede

---

[5] Para una lectura crítica y al mismo tiempo respetuosa del trabajo de Berlin, puede leerse el ensayo de G. A. Cohen, "Isaiah's Marx's and Mine", en el libro homenaje editado por los Margalit.

decirse que sea la mejor puerta para entrar al pensamiento de Karl Marx. De cualquier manera, el texto es un acceso extraordinario al universo de Berlin. En su libro puede apreciarse la capacidad del historiador de las ideas para apreciar los rasgos constitutivos de una personalidad y examinar el modo en que su vida se trenza en su obra. A pesar de que Marx no escribió nunca un diario y que era un hombre renuente a hablar de sí mismo, Berlin parece conocerlo íntimamente. Así, lo describe en su aislamiento, en su aversión al espejo y a la introspección. Aprecia al hombre de genio que nunca tuvo empaque de dirigente social. Elogia la inteligencia que no se vende por aplausos. Admira su fuerza imperturbable durante cuarenta años de embates, enfermedades y carencias. Le irrita el impaciente que es dado a los truenos de furia y el arrogante que apalea a sus críticos. Reconoce al escritor de talento, al panfletista genial que se desinfla en el momento en que abre la boca frente a un auditorio. Berlin no solamente expone las ideas de Marx sino que abre la inteligencia de la que provienen: una mente activa y práctica a la que no tentaba el sentimiento; una razón que repudiaba la retórica hueca de los farsantes y el conformismo idiota de los burgueses.

El sentido general del ensayo es, sin duda, crítico. Una mecanógrafa que pasaba el dictado por la máquina de escribir le preguntó de pronto: "Parece que no le cae muy bien el señor Marx, ¿verdad?"[6] No, no le caía bien. Pero hay en Berlin un esfuerzo por entender el mundo tal y como lo veía una figura que le era esencialmente antipática. Era la primicia de su método: para conocer nuestra realidad es indispensable desdoblarse para verla desde distintos ángulos. Quien ve el mundo desde la única ventana de sus párpados pierde de vista su espalda. Por eso es necesario encontrar más de una manera de observar el mundo. Verlo con los

---

[6] *Flourishing. Letters 1928-1946*, Henry Hardy, ed., Chatto & Windus, Londres, 2004, p. 271.

ojos del poeta y el ingeniero, con la mirada del rebelde y el magnate, por la ventana del devoto y el traidor.

DURANTE LA SEGUNDA GUERRA, ISAIAH BERLIN SE CONVIRTIÓ EN la retina del gobierno inglés en los Estados Unidos. Primero estuvo en Nueva York y después en Washington, al servicio de la embajada británica. Berlin debía hacer un informe semanal sobre el clima de la opinión en los Estados Unidos. Sentía, dice Ignatieff, ese apetito por el chisme y la intriga que hacen a un buen periodista —o a un buen diplomático, podríamos agregar. Los encantos de su conversación le abrieron múltiples puertas. En los Estados Unidos, en el encuentro diario con funcionarios, congresistas, periodistas, empresarios, líderes sindicales se afiló esa percepción que sería tan admirada en él. Se condimentó ahora con un sentido de la oportunidad y un deber de anticipación. Su capacidad para descifrar los laberintos de la vida política norteamericana provenía de la razón y de la memoria, de la intuición y del olfato.

El talento de Berlin le permitió dominar muy pronto el complejo laberinto político de esa ciudad de intrigas palaciegas, disputas y guerras de interés. La esponja que Berlin empapaba de conversaciones, de lecturas de diarios, de confidencias e intuiciones se exprimía en su informe semanal para Londres. El diplomático, a quien nunca le gustó sujetar la pluma, dictaba su repaso. Las secretarias hacían milagros para entender su lengua galopante. Los informes de diplomático impresionaron a los funcionarios que los leían del otro lado del Atlántico. Berlin describía con detalle la compleja relación del presidente con el Congreso, describía la atmósfera de la opinión norteamericana, se anticipaba a los hechos intuyendo el rumbo de la vida pública. Entre sus lectores más atentos estaba el mismísimo Churchill, que disfrutaba la entrega semanal como su lectura más sabrosa durante la guerra. "Están bien escritos. Tengo la sensación de que sacan el mayor jugo de lo que sucede y ofrecen una viva pintura de los asuntos norteamericanos", decía.

En febrero de 1944, Clementine Churchill le comentó a su marido que Irving Berlin, el compositor de *There's No Business Like Show Business,* estaba en Londres y le preguntó si tendría tiempo para conversar con él. El primer ministro retuvo solamente el apellido del visitante y, recordando los admirables informes que venían de Washington, le respondió de inmediato: claro, que venga a comer con nosotros. Así el señor Berlin fue invitado a un salón de Downing Street para comer con el primer ministro. Aterrado por la intensidad de la conversación política, el compositor permaneció callado prácticamente toda la comida. En un momento, el primer ministro se dirigió a él para preguntarle cuándo creía que terminaría la guerra. "Señor primer ministro —le respondió el músico—, le contaré a mis hijos y a mis nietos que Winston Churchill me hizo *a mí* esa pregunta." Confundido, Churchill le preguntó a su invitado cuál era la obra más importante que había escrito. Dudando, Berlin respondió: "No lo sé. Supongo que *White Christmas".*

EN WASHINGTON Y EN NUEVA YORK, BERLIN DESCUBRE EL MUNDO del poder. Y lejos de sentirse repelido por la pugna de las ambiciones, por la hipocresía y la simulación, se fascina ante la grandeza de los hombres del Estado. Él conocía la política que estaba en las bibliotecas de Oxford, en los libros de Aristóteles, Maquiavelo y Montesquieu; la política de los tratados sobre la justicia y las especulaciones sobre el origen del Estado. Ahora entraba en contacto con la política del poder, la política de las decisiones. Era la historia viva, la historia en marcha.

Durante cinco años trató de descifrar ese mundo que ya no estaba en los enigmas de los clásicos sino en las maniobras de los vivos. Sus ojos y su lenguaje; su temperamento; la tenacidad de su carácter, sus movimientos, sus reflejos. Nadie que viera la política de cerca podría seguir pensando que ésta era el resultado de las "vastas fuerzas impersonales" que diría T. S. Eliot y que Berlin tomaría como epígrafe de algún ensayo. La política, la historia más bien, caminaba de la mano de hombres concretos que hacen frente a su circunstancia. Ahí se dio cuenta que, más que sus horas en la biblioteca, lo que le ayudaba a entender los enigmas de la política real era su entrenamiento en un arte menospreciado: el chisme. En una de sus cartas a sus padres, Isaiah Berlin cuenta que su interés por entender la política norteamericana y su capacidad para descifrar su código proviene de su fascinación por la vida de otros. Las instituciones, dice refiriéndose a la maquinaria política norteamericana, juegan un papel infinitamente menor al que les otorgamos ingenuamente. A pesar de que busquemos el imperio de la ley, todos los gobiernos son de hombres. Son precisamente los individuos y las relaciones entre ellos los que definen al final del día el rumbo de los poderes. Mucho más que el marco fijo de las reglas, mucho más que el clima de la cultura, cuenta el melodrama de las personalidades. El carácter de los protagonistas, sus rencillas y afectos, sus cualidades y lacras son la clave. Así lo advierte él mismo en alguna carta: "En mi debilidad por el chisme está mi tino para descifrar el jeroglífico de la política".

Churchill y Roosevelt, los aliados del Atlántico, atraen particularmente su admiración. Berlin dibujó elogios memorables de la pareja. Desde sus cartas se percibe este respeto. El 2 de enero de 1942 detecta el hilo que los une. En un tiempo en el que los individuos son incapaces de apreciar la magnitud de los eventos que los envuelven, es una fortuna que haya dos hombres que se sienten en casa con la historia.[7]

---

[7] *Flourishing...*, p. 391.

Churchill era el hombre de la imaginación histórica, el estadista que sabe acomodar el presente y el futuro en el largo telar de los siglos. Berlin encuentra, en el arcaísmo de la retórica churchilleana, el guiño de una tradición fresca. El barroquismo de su expresión, el sentido épico de su convocatoria a la sangre, al sudor y, sobre todo, a las lágrimas, consiguió comunicar el sentido de urgencia histórica que el momento exigía. Berlin pinta a un estadista sobrehumano: "Uno de los dos hombres de acción más grandes que su nación ha producido, orador de poderes prodigiosos, salvador de su país, héroe mítico que pertenece tanto a la leyenda como a la realidad, el ser humano más grande de nuestra época".[8] Nada menos.

Roosevelt, a diferencia de Churchill, era un hombre del nuevo siglo y del nuevo mundo que no tenía miedo al futuro. Un hombre espontáneo, quizá desordenado, que supo conciliar lo que parecía incompatible. Ésta fue la gran hazaña del presidente norteamericano: defender valores fundamentales sin quemar otros igualmente importantes. Su servicio a la humanidad, dice, fue enseñarnos que es posible combinar la eficiencia y la bondad. Fortaleció la democracia al demostrar que la promoción de la justicia social y la libertad individual no son la estocada de un gobierno eficaz. Cambió con ello la idea que teníamos de las obligaciones de un gobierno frente a los ciudadanos: la responsabilidad moral de garantizar un mínimo de atenciones sociales.

En su ensayo sobre Roosevelt, Berlin traza el retrato de dos políticos. El primero es el político de la tenacidad; el segundo es el político de la adaptación. El primero pretende imponer su poder a las circunstancias; el segundo se amolda a ellas. "La primera clase de estadista —dice Berlin— es en esencia un hombre de principio único y de visión fanática.

<hr>

[8] "Winston Churchill en 1940", en *Impresiones personales*, México, Fondo de Cultura Económica, 1984, p. 80. Cuando Churchill leyó el ensayo en el ejemplar del *Atlantic Monthly*, gruñó: "Demasiado bueno para ser cierto".

Preso de su propio sueño brillante y coherente por lo general no comprende ni a las personas ni los acontecimientos. No tiene dudas ni titubea y, por medio de la concentración de la fuerza de voluntad, de la brusquedad y del poder, logra pasar por alto gran parte de lo que acontece a su alrededor." Su claridad, su determinación, incluso su ceguera pueden ayudarle a vencer la resistencia de las cosas y doblegar a los hombres para que se plieguen a su voluntad. El otro tipo de estadista está dotado de una aguda sensibilidad que le permite "captar impresiones minuciosas, integrar una vasta multitud de detalles evanescentes o inasibles, parecida a la que poseen los artistas en relación con su material". Este político es un artista que escucha los materiales de su escultura. No ve el mundo en blanco y negro ni cree que su tarea sea una cruzada sin distracciones ni demoras. Por el contrario, sabe que para avanzar frecuentemente hay que dar rodeos, que en ocasiones hay que esperar a que el tiempo madure, y que muchas veces hay que ir en contra de lo que una vez se quiso. Políticos de doctrina y políticos de intuición.

Un par de años después de que publicara su ensayo sobre el presidente del *New Deal*, Isaiah Berlin dictaba una conferencia en la que, de alguna manera, regresaba al tema del estadista y al enigma maquiavélico por excelencia: la eficacia política. Más bien, exploraba su presupuesto intelectual: el conocimiento del que se alimenta la eficacia. En una transmisión de la bbc de junio de 1957, se preguntaba con llaneza: ¿qué significa tener buen juicio en política? ¿Qué es tener sabiduría política, estar dotado para la política, ser un genio político, o acaso ser simplemente políticamente competente, saber cómo lograr que se hagan las cosas? ¿Cuál es la ciencia o el arte que el político debe conocer? Hobbes y sus herederos han creído que el estadista ha de conocer la mecánica de las sociedades para gobernar juiciosamente. De la misma manera que un técnico necesita dominar las

reglas de su disciplina, el estadista debe conocer la anatomía de los cuerpos colectivos, la física molecular de los
individuos, la química de las pasiones colectivas o la mecánica de la economía política. Sea cual sea la naturaleza de
esa ciencia privilegiada de la sociedad, la convicción común
es que tal ciencia existe y que el dominio de sus leyes es el
requisito indispensable para un gobierno ilustrado y eficaz.
Lo primero conduce inmediatamente a lo segundo.

El hombre de Estado al que llamamos juicioso no es un
hombre de ciencia, responde Berlin. Si soy un gobernante
torturado por una decisión compleja, ¿de qué me serviría
recopilar toda la información de las bibliotecas, qué uso
tendrían las lecciones de filosofía de la historia o los manuales de economía política?

> Obviamente —apunta Berlin— lo que importa es entender
> una situación particular en su plena unicidad, los hombres,
> eventos y peligros concretos, las esperanzas y miedos particu-
> lares que están en movimiento en un lugar específico en
> un tiempo determinado: París en 1791, Petrogrado en 1917,
> Budapest en 1956, Praga en 1968 o Moscú en 1991.[9]

De nada nos sirve conocer alguna ley sobre el surgimiento de las revoluciones formulada por un agudo científico social. Lo que importa es entender la circunstancia que,
por definición, es única. Más que reflexión, el juicio político
es reflejo.

La razón cuenta menos que la habilidad. Lo que hace
exitosos a algunos políticos es que no piensan en términos
abstractos ni generales: su talento está en la capacidad de
atrapar la combinación de elementos que conforman *su* circunstancia. Por eso hablamos del buen ojo político, del olfato, del tacto: orgullos de la sensibilidad, no de la inteligen-

---

[9] "Political Judgement", en *The Sense of Reality. Studies in Ideas and
their History*, Nueva York, Farrar, Strauss and Giroux, 1996, pp. 44-45.

cia. Por encima de todo, el gran estadista es el hombre que palpa la textura del presente. De poco le sirven el conocimiento teórico, la erudición, el poder de razonamiento abstracto; en el político, la habilidad lo es todo. Berlin llama "sabiduría práctica" a la agudeza de Bismarck, de Talleyrand, de Roosevelt. Llamémosla *astucia:* la inteligencia del cazador, del cocinero, del navegante. La astucia es sintética más que analítica, previsora y ágil. Más que profunda es prudente. La *inteligencia astuta* es una combinación del "olfato, la sagacidad, la previsión, la flexibilidad mental, el fingimiento, la maña, la atención despierta y el sentido de oportunidad".[10]

La sabiduría del político no surge del concepto sino de la experiencia. El juicio político no necesita teorías para examinar la circunstancia, esa compleja e irrepetible plataforma del presente. La prudencia política descansa en un registro elemental del territorio que se pisa y de lo que hay latente en él. Churchill escuchaba el rumor de los siglos pasados; Roosevelt olía los aromas del futuro. En ambos casos el presente está cargado de mensajes: no es nunca sólo presente. El estadista examina las fuerzas actuantes, los poderes en juego, las energías en movimiento. Lo importante es que la circunstancia no se mire congelada. Antes que el silogismo, lo que cuenta es la oportunidad, esa coincidencia de la acción y el tiempo. En el mundo político, lo bueno es sólo bueno a su tiempo.

EN EL VERANO DE 1945, TODAVÍA AL SERVICIO DE LA EMBAJADA británica en Washington, Isaiah Berlin recibió la noticia de que debía desplazarse a Moscú a pasar unos meses. La embajada no tenía mucho personal y necesitaba el respaldo de alguien que supiera ruso. La guerra acababa de terminar

---

[10] Así lo sintetizan Marcel Detienne y Jean-Pierre Vernant, citados por François Jullien, *Tratado de la eficacia*, Madrid, Siruela, 1999, p. 27.

y la relación entre los antiguos aliados estaba dominada por
el optimismo. Berlin no había estado en Rusia desde 1919,
cuando tenía apenas 10 años. Le emocionaba regresar, pero
el viaje también lo cubría de temores. Tenía una pesadilla
recurrente de que los policías soviéticos lo arrestaban y no
lo dejaban salir. Su trabajo en la cancillería no era muy distinguido: debía leer la prensa soviética y comentar su contenido. La prensa moscovita no tenía la riqueza de la prensa
inglesa o norteamericana. La monotonía de la propaganda
cubría todas las columnas. Los periódicos no tenían mucho
jugo que se les pudiera exprimir y los burócratas del partido
hablaban más para los micrófonos sembrados por doquier
que para su interlocutor. Berlin tenía mucho tiempo libre.
Visitaba museos, edificios históricos, teatros, librerías, bibliotecas.[11]

Al profesor le habían advertido que sería difícil entrar
en contacto con ciudadanos soviéticos y más difícil aún con
intelectuales. Las puertas de los burócratas estarían abiertas para repetir la línea oficial pero los artistas no se anima-
rían a conversar con extranjeros. Pero el duende de Berlin
pudo levantar la cortina que se imponía a los diplomáticos.
Los encantos de su conversación le abrieron el afecto de
escritores y artistas extraordinarios. El diplomático treinta-
ñero pudo conocer muy de cerca el vivo escenario cultural
de la Unión Soviética que había sido sofocado por la instau-
ración de un régimen policiaco. A la experimentación del
cine, de la novela, de la pintura y del teatro en la década de
los veinte, siguió el miedo.

Dos poetas que encontraría en ese viaje marcarían la
vida de Berlin: Boris Pasternak y Anna Ajmátova. Conocía y
admiraba la obra de Pasternak de tiempo atrás y no le fue

---

[11] Recientemente se han reunido los textos que Berlin redactó en sus
visitas a la Unión Soviética: *The Soviet Mind. Russian Culture Under Com-
munism*, publicado por The Brookings Institution, Henry Hardy, ed.; pról.
de Strobe Talbott, 2004.

difícil entrar en contacto con él. Llevaba unas botas que sus hermanas, vecinas de Berlin en Oxford, le mandaban. Muy pronto, Pasternak se fascina con el brillante lector de su obra que viene de Inglaterra con un regalo. Pasternak le cuenta de su participación en el Congreso Antifascista en París en 1935. En su intervención durante el congreso dijo simplemente:

> Tengo entendido que ésta es una reunión de escritores para organizar la resistencia al fascismo. Sólo tengo una cosa que decir sobre esto: no se organicen. La organización es la muerte del arte. Sólo cuenta la independencia personal. En 1789, 1848, 1917, los escritores no se organizaron en pro ni en contra de nada; se los imploro; no se organicen.[12]

Berlin se vuelve su ventana para conocer lo que sucede en Occidente, un mundo del cual no tiene noticias. El placer de portar las nuevas del mundo exterior a gente tan ávida de recibirlas era para el visitante una emoción indescriptible: era "como hablar a las víctimas de un naufragio en una isla desierta, apartadas de la civilización durante décadas; todo lo que oían lo recibían como nuevo, emocionante y delicioso".

Berlin describe a Pasternak como un poeta de genio que no crea poesía solamente en sus poemas sino en todo lo que hace. ¿Y qué es el genio?, se pregunta. Hacer con naturalidad lo que para el resto es imposible. Detenerse en el aire cuando uno salta, sin tener que descender de inmediato, como decía el bailarín Nijinsky. Quedarse en el aire antes de regresar al piso. ¿Por qué no? Berlin entabló una relación estrecha con Pasternak. Lo visitaba cada semana. Hablaban de libros y de escritores; de la terrible condición de la escritura en tiempos de Stalin. En un encuentro tiempo des-

---

[12] En "Reuniones con escritores rusos en 1945 y 1956", en *Impresiones personales,* México, Fondo de Cultura Económica, p. 319.

pués, Pasternak lo llevó a su estudio y le entregó un sobre grueso con un manuscrito. Le dijo: "Mi libro. Todo está allí. Es mi última palabra. Por favor, léalo". Era *Doctor Zhivago*.

A Anna Ajmátova la conoció casualmente. El diplomático saturado de tiempo libre fue a buscar librerías de viejo en San Petersburgo, la ciudad que conoció en su niñez. La ciudad estaba muy cambiada: una guerra y una revolución se interponían entre la presencia y los recuerdos. En una de esas librerías, Berlin entró en conversación con un tipo que hojeaba un libro de poesía. Resultó ser un crítico literario. Al interrogarle sobre los escritores de Leningrado, el hombre le preguntó: ¿se refiere usted a Ajmátova? Berlin había escuchado el nombre de la poeta pero no conocía mucho su trabajo. La ubicaba como una gran poeta de tiempos pasados. Desde 1925 le habían prohibido publicar. La creía muerta. Ajmátova no solamente estaba viva sino que vivía muy cerca de ahí, a un par de cuadras del expendio de libros viejos. El crítico se ofreció a llamarla por teléfono para ponerlos en contacto. A las tres de la tarde de ese mismo día los recibiría.

Berlin llegó puntualmente a casa de Ajmátova. Subió unas escaleras oscuras y entró en la habitación. El apartamento estaba amueblado muy modestamente. No había tapetes ni cortinas. Los muebles originales ya no estaban ahí. ¿Habrían sido robados? ¿Los habría vendido? Una mesa, unas sillas flacas, un sofá y un bellísimo dibujo de ella trazado por Modigliani. Entonces apareció: la mayor poeta rusa del siglo xx. Berlin la describe como una "mujer majestuosa de cabello gris". Una "reina trágica" que se desplazaba lentamente con una inmensa dignidad. Sus rasgos hermosos y tristes, su expresión severa y suave. Joseph Brodsky, amigo de ambos, evocaba así su presencia unos años antes de que su pelo encaneciera: "Su sola mirada te cortaba el aliento. Alta, de pelo oscuro, morena, esbelta y ágil, con los ojos verdosos de un tigre polar".[13] El encuentro fue interrumpido muy pronto por Randolph Churchill, que estaba en la ciudad y quería usar a Isaiah como intérprete. Berlin tuvo que irse pero acordó reanudar la conversación por la noche.

Regresó a las nueve de la noche. Ella estaba acompañada por una amiga que se retiró hacia la medianoche. Entonces volvió a darse el fenómeno que había vivido con Pasternak: la necesidad de absorber toda la información posible del mensajero que llegaba de Occidente. Hablaron también de escritores y de literatura. Pero hablaban de asuntos más entrañables. Ella le habló de sus amores. Del poeta Mandelstam, que había estado perdidamente enamorado de ella. De su amistad con Modigliani. De su infancia en las costas del Mar Negro. De su primer esposo, el poeta Gumiliev, de su encierro y de su ejecución en 1921, acusado de atentar contra Lenin. Le habló del arresto de su hijo, más bien de su desaparición. De los largos meses en espera de una noticia suya. La conversación se pausaba en silencios y lágrimas.

Ella le preguntaba si quería escuchar sus poemas. De memoria, recitó fragmentos de *Réquiem,* el poema que escribió durante veinte años, desde que la policía soviética arrestó por segunda vez a su hijo Lev, hasta que lo liberaron al determinar que "su condena no estaba justificada". Durante años no existió registro escrito del poema. La posesión del texto era una sentencia de muerte. Once personas lo sabían de memoria y en su recitación lo conservaron. La misa funeral nombra a las víctimas del horror totalitario, a los amantes de la tortura, a los expertos en la manufactura de huérfanos. Ahí están todos: la poeta embarazada a quien los policías arrancan a patadas un niño muerto; el amigo

[13] Citado en el prólogo de Vladimir Leonóvich, "Anna de todas las Rusias", a Anna Ajmátova, *Réquiem y otros escritos*, Barcelona, Galaxia Gutemberg-Círculo de Lectores, 2000. La mayor parte de las citas de Ajmátova provienen de esa edición.

ahorcado; el hombre que, al sentirse traicionado, se pega un tiro; el oprobio del poeta que denuncia a su amante; los años en los campos de concentración; el vecino que se lanza de la ventana antes de denunciar al amigo.

> Quisiera, una a una, llamarlas por sus nombres,
> mas me han robado la lista, ya nunca podré hacerlo.
> Para ellas he tejido este amplísimo manto
> con sus propias palabras, con su llanto inconsolable.

Ajmátova nombra su propio tormento, el tormento de las mujeres a quienes el poder arranca el hijo, el padre, el hermano, el marido.

> Te llevaron al amanecer,
> fui tras de ti como quien despide un cadáver.
> Lloraban los niños en la estancia oscura y humeaba la vela
>   bajo el icono.
> No podré olvidar el frío de tus labios y el sudor mortal
>   en tu frente.
> Como la mujer de los *strelzi*
> aullaré a los pies del Kremlin.

La poeta interrumpía la lectura con recuerdos. Su esposo y su hijo arrestados, torturados en campos de concentración. Las mujeres semana tras semana, mes tras mes aguardaban noticias. Las cárceles callaban.

> Hace diecisiete meses que grito
> llamándote a casa.
> Me he arrojado a los pies del verdugo,
> por ti, hijo mío, horror mío.
> Todo ha perdido sus contornos,
> y ya soy incapaz de distinguir
> a la fiera del hombre, al hombre de la fiera,

ni sé cuántos días faltan para la ejecución.
Me encuentro sola, rodeada de flores
polvorientas, del tintinear del incensario,
y de huellas que no conducen a ninguna parte.
Mientras me mira fijamente a los ojos
anunciándome la próxima muerte,
una estrella inmensa.

Berlin escuchaba una voz seca hablar de la demencia de un siglo en el que "sólo los muertos sonreían, alegres por haber hallado al fin reposo". No queda más tarea, dice, que acabar de matar la memoria y hacer que el alma se vuelva de piedra.

Aprendí cómo puede deshojarse un rostro,
cómo entre los párpados asoma el espanto
y el sufrimiento va grabando las mejillas,
como tablillas de escritura cuneiforme.
Cómo bucles que fueron castaños o negros
se tornan plateados al paso de una noche,
y se marchita la risa en los labios sumisos
y en la seca sonrisa vemos temblar el miedo...

La noche avanzaba. Eran ya las tres de la mañana. Ella trae de la cocina un plato con papas hervidas. Es lo único que puede ofrecerle. La conversación siguió. Se desvió a Dostoievski y a Tolstoi, a Joyce y Eliot. Ella le preguntaba a su invitado de su vida personal. Él contestó con confianza. Hablaron de las sonatas para piano de Beethoven, de Bach y de Chopin. Para entonces, la luz del sol se colaba por la ventana sin cortinas. Eran ya las once de la mañana. Isaiah Berlin besó la mano de Anna Ajmátova y regresó exaltado a su cuarto de hotel. Ella escribió:

Como en el canto de una nube,
recuerdo tus palabras,

y por mis palabras para ti,
la noche fue más brillante que el día.

Así, sueltos de la tierra,
nos alzamos, como estrellas.

No había ansiedad ni sonrojos.
No ahora, no después, no entonces.

Pero en la vida real, ahora mismo,
escuchas cómo te llamo.

Y esa puerta que entreabriste
no tengo la fuerza de cerrar.

Los sonidos se apagan en el éter,
y la oscuridad envuelve el polvo.

En un mundo mudo para todo el tiempo,
sólo quedan dos voces: la tuya y la mía.

Y para el sonido del viento del invisible lago Ladoga,
que es casi campana,

el diálogo de madrugada se convirtió en
el delicado resplandor de arcoiris abrazados.[14]

La larga conversación los seguiría por el resto de su vida.[15] Él lo tendría como el instante más intenso de su vida.

[14] Esta traducción es mía de la versión al inglés de Judith Hemschemeyer publicada en *The Complete Poems of Anna Akhmatova*, Boston, Zephyr Press, 2000.

[15] Del encuentro legendario no solamente existe el testimonio de Berlin y la puntual narración de Ignatieff. El escritor húngaro György Dalos dedicó todo un libro a la conversación: *The Guest from the Future. Anna Akhmatova and Isaiah Berlin*, Nueva York, Farrar, Strauss and Gi-

Ella, como la noche que cambió la historia. Poco tiempo después del encuentro, la policía secreta colocaba unos micrófonos bien visibles en el techo de la casa de Ajmátova. No eran aparatos de espionaje; eran instrumentos de intimidación. El hostigamiento siguió. El partido censuró las revistas que habían publicado sus poemas, declarando que su trabajo era el retrato de una señorita revoloteando entre el convento y el burdel. Su poesía, sentenciaban los censores, no era más que una mezcla aristocrática de tristeza, nostalgia, muerte y maldición. La "monja puta", según el insulto del tirano, era expulsada de la unión de escritores y sus libros prohibidos.

Ella estaba convencida de que aquella noche era responsable de su desgracia. No culpaba a Isaiah de su suerte. Creía que el destino así lo había calculado. Isaiah Berlin era el "invitado del futuro". Poco tiempo después escribiría en la tercera dedicatoria al "Poema sin héroe":

> No será el amado esposo para mí.
> Pero lo que logremos, él y yo,
> perturbará el Siglo Veinte.

Estaba convencida de que esa noche, que se prolongara hasta las once de la mañana, había desatado la Guerra Fría.

Tras la inmersión en la diplomacia, Isaiah Berlin regresó al castillo universitario, a disfrutar eso que llamaba la sublime distancia del mundo real. Dedicó su vida a la enseñanza en Oxford y desfiló por las principales universidades norteamericanas, pero no fue nunca un recluso de la torre. Berlin no fue un profesor que se dirigiera sólo a sus alumnos y a

roux, 1999. Una ópera basada en el encuentro entre Berlin y Ajmátova se estrenó en julio de 2004 con música de Mel Marvin y libreto de Jonathan Levi.

otros profesores. Lejos de ser el académico cautivo en la biblioteca y el salón de clase, Berlin fue un hombre que atrajo los reflectores de la fama. Sus clases de filosofía y de historia en Oxford fueron convocando más y más alumnos. Pronto se le conoció como el profesor más atractivo de la universidad. Los estudiantes que llenaban los auditorios recordarían sus lecciones como una ceremonia y una aventura.

De conferencias, conversaciones, anécdotas y escritos se fue alimentando una leyenda. Su erudición, su voz, los caracoles de su dicción, la claridad con la que podía desenvolver un tema complejo lo convirtieron en personaje. Sus lecciones escaparon de los confines del aula y entraron a las peluquerías por vía de las transmisiones de la BBC. T. S. Eliot elogió su "elocuencia torrencial". Michael Oakeshott, al presentarlo en la London School of Economics, lo llamó, un poco en tono de sorna, el "Paganini de la tribuna". Avishai Margalit lo coronó como rey de los adjetivos: podía tocar la médula de un personaje a través de una cadena de calificativos sutiles. Si hacemos caso a quienes han narrado la experiencia de escuchar sus conferencias, se diría que eran un concierto de ideas. Lelia Brodersen, quien trabajó durante un tiempo como su secretaria, describió el embrujo de su disertación. Berlin se acomodaba detrás del atril, clavaba la mirada en el fondo del salón y hablaba con la prisa de un corcho destapado. Durante una hora, sin un segundo de pausa, Berlin derramaba su elocuencia sobre el auditorio. Sin respiro, el hombre se movía en un péndulo hacia adelante y hacia atrás. Una "furiosa corriente de palabras" desembocaba siempre en "frases bellamente terminadas". Si alguna vez he estado en contacto con la verdadera inspiración —recordaba ella— fue en contacto con este virtuoso.[16]

[16] La descripción está en el prólogo de Henry Hardy a *La traición de la libertad. Seis enemigos de la libertad humana*, México, Fondo de Cultura Económica, 2004. El libro es la transcripción de las conferencias que Berlin pronunció en 1952.

Berlin tuvo el don de comunicarse simultáneamente con muchos auditorios. Al tiempo que conectaba con los filósofos y los historiadores, envolvía a un auditorio vastísimo. Los académicos discutían sus interpretaciones, aprovechaban sus hallazgos, discurrían sobre sus propuestas; los no especialistas gozaban el paseo. No fue un vulgarizador que comprimiera las ideas en chatarra para el consumo veloz; no fue tampoco un erudito exiliado en su propia comarca intelectual. Su prosa nunca se enreda, nunca se pierde en la abstracción, nunca se entierra en los detalles del especialista obsesivo.

Para Berlin, la vida de las ideas no estaba en ellas sino en los hombres que las pensaban. Los temas que le apasionaron siempre: la Ilustración y el antirracionalismo; la pertenencia nacional, el fascismo, el temperamento romántico y el pluralismo encuentran siempre su biografía emblemática. Su insurrección contra la "tiranía del concepto" lleva al historiador de las ideas a ser, más bien, su biógrafo. Cuando quiere examinar el surgimiento de la idea nacional retrata a Herder, el poeta y filósofo que entendió la necesidad de pertenecer; al buscar las raíces del fascismo, traza la silueta de Joseph de Maistre; para colorear la idea de la libertad, compone la galería de sus amigos y enemigos: Montesquieu, Mill y Kant en una pared; Rousseau, Hegel y Marx en la otra. La vida de las ideas es real en la vida de los hombres. Las ideas no flotan: respiran.

Ojos cargados de ojos. El hombre se acerca al pasado buscando la forma en que los hombres de ayer pensaban, sentían, deseaban. La comprensión no deriva del concepto, sino de una especie de fantasía cultivada. Se trata, dice el propio Berlin, de una "perspicacia imaginativa". De ahí se nutre el entendimiento. La filosofía, insinúa el retratista, debe conectarse con el sentimiento poético que permite hundirse en la experiencia particular. Berlin podía escribir sobre algún oscuro pensador alemán del siglo XIX como si fuera un tipo al que acaba de ver en una fiesta la noche anterior. Su pasión por las ideas estaba condimentada por una curiosidad chismosa, por una voluntad de descifrar el espíritu de un personaje, el sentido de un instante o la médula de una idea a través de una anécdota jugosa y reveladora.

Se ocupó sobre todo de sus adversarios. Desde su estudio de Marx, Berlin exploró las razones de antiliberales, antimodernos y antirracionalistas. Quizá uno de sus mejores ensayos sea el retrato que pintó de Joseph de Maistre. Difícilmente podría imaginarse una figura más distante del suave liberal que este admirador de los verdugos. Y sin embargo, Berlin pinta de cuerpo entero al furioso reaccionario que veía el mundo como un matadero. Leer a los aliados es aburrido. Es mucho más interesante leer a los adversarios porque ellos nos ponen a prueba. Eso es lo que intenta Berlin: reexaminar constantemente sus convicciones de liberal atribulado a través de las interpelaciones de sus críticos más enérgicos.

El biógrafo se adentra en sus personajes. Habla a través de ellos. Por eso no es fácil hablar del pensamiento de Berlin. La fuente de sus ideas se vacía en la pila de las ideas de otros. Berlin se apropia de sus autores, se esconde en ellos. En sus retratos se verá siempre su pincel. Veremos, por supuesto, la nariz y la frente de sus personajes, la ropa de la época y el paisaje del tiempo que los envuelve, pero el trazo, el color y la textura de sus cuadros son inequívocamente suyos. El historiador resalta en sus autores las ideas que le son más entrañables y desatiende aquello que menos le interesa. El retratista no necesita verse en el espejo para reflejarse en cada uno de sus cuadros. Su Maquiavelo, por ejemplo, es emblemático de esta apropiación. El florentino que aparece en su galería no es el cínico técnico del poder, el impasible consejero del príncipe que está dispuesto a recomendar la mentira y la muerte que favorezcan al Estado. No es tampoco el patriota, el republicano apasionado que busca ante todo la unidad de Italia. El Maquiavelo de Berlin es el pluralista que rompe la ilusión de encontrar el principio único que rige la vida de los hombres. Su Maquiavelo es el revolucionario que clavó una espada en la conciencia de Occidente al romper en dos el código que pretendía normar la vida de los hombres. El autor de *El príncipe* aparece como el hombre que hizo trizas la fantasía de la sencillez moral. Frente a la moral que transmite la Iglesia está la moral que exige el Estado. Maquiavelo aparece así como un inconsciente precursor del pluralismo, algo así como un pionero de la tolerancia liberal. El Maquiavelo de Berlin se parece mucho... a Berlin. De ahí vienen algunas críticas a su trabajo. El filoso crítico inglés Christopher Hitchens, un hombre que nunca sintió mucha simpatía por él, lo llamó por eso un hábil ventrílocuo.

No le gustaba ser llamado filósofo. Era un historiador de las ideas. Lo era porque al recorrer los caminos del pensamiento occidental rechazó enfáticamente construir un sistema que envolviera al mundo, la historia, el hombre. Joseph Brodsky lo entendió muy bien al apuntar que la filosofía puede tener un aliento totalitario: la completa estructuración de ideas y conceptos. Precisamente de su renuncia al acomodo ordenado de todo lo conocido, nace su liberalismo. Brodsky había leído en Rusia una copia trasquilada de los *Cuatro ensayos sobre la libertad*. En ellos había encontrado una preciosa antifilosofía: el rechazo del globo que todo lo abarca. "Lo bueno de *Cuatro ensayos sobre la libertad* era que no adelantaba ningún sistema, porque 'libertad' y 'sistema' son antónimos."[17]

Si la observación del poeta ruso puede ser válida para describir el liberalismo fragmentario de Berlin, no lo es en forma alguna para describir el liberalismo, que en incontables bocetos ha tratado de delinear un sistema. Muchos de

---

[17] Joseph Brodsky, "Isaiah Berlin: A Tribute", *op. cit.*, pp. 211-212.

los grandes pensadores liberales han querido cobijar la libertad bajo una sábana coherente de conceptos, principios y reglas. Locke, Kant, John Stuart Mill, Popper o Rawls han buscado la lógica de la libertad y han creído encontrarla. Ahí están sus planos hechos de normas. A diferencia de estos filósofos de la libertad, Berlin detestaba, como Tocqueville, los sistemas absolutos que pretenden entrelazar todos los preceptos de la convivencia humana. Creía, con su admirado Herzen, que un hombre sólo puede observar con libertad el mundo cuando no tiene que acomodar las frondas de su mirada al croquis de una teoría.

Los liberales de sistema ofrecen una clave para resolver el rompecabezas. La historia es un enigma que la filosofía resuelve. Al final del día, confían en que el lienzo fracturado encontrará arreglo en una constitución o en algún arco de principios. El rompecabezas de la historia tiene arreglo. Esta cavidad embona con aquel pico. Cada cresta tiene su valle. Cuando las piezas hallen su sitio, el dibujo será claro. No habrá huecos ni sobrantes. La totalidad resultará del enlace armónico de los fragmentos. Para Berlin, por el contrario, no hay rompecabezas que descifrar porque los pedazos de nuestra existencia simplemente no embonan. Los fragmentos no se complementan: riñen.

UNOS MESES DESPUÉS DE CASARSE, EN EL VERANO DE 1956, Isaiah y su mujer, Aline, se instalaron en una cabaña en el pequeño pueblo costero de Paraggi, en la costa italiana de Liguria. Isaiah disfrutaba el aislamiento, el aire de la costa, los chapuzones en el mar, la comida de las *trattorias*. Él no nadaba por la debilidad de su brazo izquierdo pero disfrutaba sumergirse en el agua. Durante la siguiente década pasarían prácticamente todos los veranos allí. En la azotea de la cabaña, Isaiah se instalaba todas las mañanas a trabajar. Allí preparó la más importante de sus conferencias, el más polémico de sus ensayos: "Dos conceptos de libertad". Durante dos veranos seguidos, Berlin leía, tomaba notas, dictaba en su grabadora, corregía y volvía a dictar versiones sucesivas de esa conferencia que sería la oportunidad de ordenar sus convicciones claves.

Hay dos personas que hablan de libertad, dice Berlin. La primera quiere limitar el poder que lo amenaza; la segunda quiere arrebatárselo al opresor. Dos conceptos de libertad: libertad negativa y libertad positiva. Nadie ha descrito mejor la libertad negativa que Hobbes: ausencia de impedimentos externos. Soy libre si me dejan en paz. De ahí nace el impulso a la libertad negativa: del deseo de que no se metan con uno. No importa si el metiche es un gendarme o un vecino; no importa si es un rey o el alcalde electo por el voto de la mayoría. De ahí que no hay conexión lógica entre esta libertad y el régimen político. Si queremos que el poder no nos fastidie, da lo mismo que ese poder sea monárquico o republicano.

La libertad positiva nace de otro impulso: del deseo de ser realmente mi propio dueño. La libertad positiva proviene de esta manera de un acto de liberación de aquellas fuerzas exteriores o interiores, que impiden que yo sea mi propio amo. Esta emancipación es la victoria sobre lo que nos sujeta, las pasiones que nos enloquecen, la ignorancia que nos ciega. La batalla se libra dentro de un mismo hombre. Es por ello que la idea de la libertad positiva puede servir para que el poder justifique la coacción a nombre de una libertad superior. El poder libertador, desde luego, sabe mejor que el individuo lo que al individuo conviene: conoce qué es lo que lo somete y cómo debe ser liberado.

La libertad negativa está en las murallas que me cuidan, en las cortinas que me protegen. La libertad positiva está en el poder de un agente que logrará rescatarme de mi enfermedad, de mi locura, de mis arrebatos, de mi pobreza. Una libertad defiende la posibilidad de elegir sin obstáculos; la otra defiende la elección correcta, la elección que se amolda a la razón, a la justicia, a la verdad. Para unos la libertad es el permiso de equivocarse, el derecho de ser infeliz; para los otros, la libertad es el imperio de la razón. "Nadie tiene derechos contra la razón", decía Fichte delineando los perímetros de la libertad positiva.

A decir verdad, no había mucho de original en la defensa berliniana de la libertad negativa. Una larga tradición que curiosamente nace con Hobbes ha visto la libertad como la ausencia de obstrucciones. Constant, en su ensayo sobre la libertad de los modernos comparada con la de los antiguos, distingue con claridad la libertad entendida como participación en los asuntos públicos y la libertad como resguardo del ámbito privado. No era tampoco novedosa en la denuncia de las trampas retóricas del totalitarismo que se arropaba con la defensa de una libertad superior para aplastar una libertad que se desprecia como lujo. Karl Popper ya había escrito su contundente alegato contra el historicismo marxista y Talmon había denunciado la raíz totalitaria del democratismo rousseauniano. Lo notable en el argumento de Berlin era, además de la elegancia de su expresión, el acento en la irremediable fractura del hombre: los tres ideales de la Revolución francesa eran preciosos. Pero no eran compatibles. No puede decirse: libertad, igualdad, fraternidad. Debe decirse: libertad, igualdad o fraternidad.

"La libertad no es el único fin del hombre", apunta Berlin. Si hay otras carencias, puede ser razonable limitarla.

Yo estoy dispuesto a sacrificar parte de mi libertad, o toda ella, para evitar que brille la desigualdad o que se extienda la miseria. Yo puedo hacer esto de buena gana y libremente, pero téngase en cuenta que al hacerlo es libertad lo que estoy cediendo, en aras de la justicia, la igualdad o el amor de mis semejantes. Debo sentirme culpable, y con razón, si en determinadas circunstancias no estoy dispuesto a hacer ese sacrificio. Pero un sacrificio no es ningún aumento de aquello que se sacrifica (es decir, la libertad), por muy grande que sea su necesidad moral o su compensación. Cada cosa es lo que es: la libertad es libertad, y no igualdad, honradez, justicia, cultura, felicidad humana o conciencia tranquila. Si mi libertad, o la de mi clase o nación, depende de la miseria de un gran número de otros seres humanos, el sistema que promueve esto es injusto e inmoral. Pero si yo reduzco o pierdo mi libertad con el fin de aminorar la vergüenza de tal desigualdad, y con ello no aumento materialmente la libertad individual de otros, se produce de manera absoluta una pérdida de libertad.[18]

La libertad será un valor precioso pero no es el único, no es el máximo, no es idéntico para todos. En ocasiones, advierte Berlin, la libertad puede llegar a ser un obstáculo para la justicia, para la seguridad, para la felicidad. La política, como la vida, es elección de valores, es decir, sacrificio. Lo dice muy claramente al final del ensayo: los valores de la vida no son solamente múltiples; suelen ser incompatibles. Por ello el conflicto y la tragedia no pueden ser nunca eliminados de la vida humana. Cada paso es el abandono de un camino, cada elección es una pérdida. No podemos eludir la necesidad de elegir entre acciones, fines y valores. Nuestros valores están en conflicto. Ahí está nuestra tragedia: estamos rotos por dentro, y no tenemos compostura. Ésta es la nota fundamental del liberalismo berliniano: su sentido trágico.[19]

Una de las raíces de Occidente proclama con optimismo la compatibilidad de los bienes auténticos. Trepado en la confianza de la ciencia, Condorcet decía que la naturale-

---

[18] Isaiah Berlin, "Dos conceptos de libertad", en *Cuatro ensayos sobre la libertad*, Madrid, Alianza Editorial, 1988, p. 195.

[19] Véase el ensayo de John Gray, *Isaiah Berlin*, Valencia, Edicions Alfons el Magnànim, 1995.

za había unido la verdad, la virtud y la felicidad con un lazo indisoluble. Todo lo bueno va junto. Justicia, belleza, bondad, igualdad, libertad abrazadas fraternalmente. ¿Es eso verdad?, pregunta Berlin. No, responde de inmediato. Lo bueno va pegado con lo malo; lo deseable es oneroso; un bien sacrifica a otro. Ninguna persona puede poseer simultáneamente todas las virtudes. Optar por una es renunciar a otras. Ésa era la lección original de Maquiavelo: es imposible ser al mismo tiempo buen hombre y buen príncipe. Quien quiera ganar la gloria política debe renunciar al cielo; quien busque la salvación sacrificará su reino.

Hay un dolor en este liberalismo sombrío que es más ruso que británico. Cada decisión es un quebranto, cada paso es de alguna manera una desgracia. Si el rompecabezas cósmico no existe; si los valores y las verdades chocan; si las respuestas correctas a nuestras preguntas son contradictorias no puede aspirarse sensatamente a la solución definitiva de nuestros infortunios. Vivimos arrastrando la pena de elegir el bien sacrificado. Y la política será, si bien nos va, la elección del mal menor. "Estamos condenados a elegir y cada elección supone una pérdida irreparable."[20] Quienes viven felices sin sentir la punzada de la duda y la elección no conocen la experiencia de ser humanos.

La carga de la libertad proviene de nuestra imperfección. Berlin, más que lamentarla, la acepta. El hombre no es, a fin de cuentas, la cebolla perfecta que dibuja la poeta polaca Wislawa Szymborska:

> La cebolla es otra historia.
> No tiene entrañas la cebolla.
> Es cebolla cebolla de verdad,
> hasta el colmo de la cebollosidad.

[20] Isaiah Berlin, "The Pursuit of the Ideal", en *The Crooked Timber of Humanity*, Nueva York, Alfred A. Knopf, 1991, p. 13.

Por fuera cebolluda,
cebollina hasta la médula,
podría escrutar su interior
la cebolla sin temor.

En nosotros extranjería y salvajismo
apenas cubiertos por la piel,
el infierno de la medicina interna,
anatomía violenta,
y en la cebolla, cebolla
y no sinuosos intestinos.
Reiteradamente desnuda
y hasta el fondo asíporelestilo.

Ser no contradictorio la cebolla,
logrado entre la cebolla.
En una simplemente otra,
la mayor una menor contiene
y la siguiente a la siguiente
y así la tercera y la cuarta.
Fuga centrípeta.
Eco concentrado en coro.

Lo de la cebolla, eso sí lo entiendo,
el vientre más bello del mundo:
se envuelve a sí mismo en aureolas
para su propia gloria.
En nosotros: grasas, nervios, venas,
secreciones y secretos.
Y se nos ha denegado
la idiotez de lo perfecto.[21]

Sí: se nos ha negado la idiotez de lo perfecto.

[21] Wislawa Szymborska, *Poesía no completa,* trad. de Gerardo Beltrán, México, Fondo de Cultura Económica, 2002.

Alguna vez le preguntaron al ventrílocuo qué vida de las que él había contado le hubiera gustado vivir. Berlin respondió de inmediato: Herzen. A Berlin le maravilla desde muy joven la pluma del "Voltaire ruso", le fascina la intensa aventura de su vida; le divierte su malicia, le cautiva su sabiduría, lo hipnotizan largos pasajes de sus cuadernos. No hay mejor guía de las convicciones de Berlin que los escritos de Herzen. Ahí está lo que Berlin aprecia de sí mismo. Un contemporáneo de Herzen describía así el asombro de su conversación:

> Su extraordinario cerebro pasaba de un tema a otro con increíble celeridad, con inagotable ingenio y brillantez. [...] Tenía una asombrosa capacidad para la yuxtaposición instantánea e inesperada de cosas totalmente distintas y tenía este don en altísimo grado, nutrido como estaba por la observación más sutil y por un sólido fondo de conocimientos enciclopédicos. Lo poseía hasta tal grado que, al final, quienes lo escuchaban estaban a veces exhaustos por los interminables juegos de artificios de su palabra, por su infatigable fantasía y poder de invención, por una especie de opulencia pródiga del intelecto, que asombraba a su público.[22]

¿Hablaba de Herzen o intuía a Berlin?

Berlin no se identifica con Herzen simplemente por la velocidad de su lengua. Sus principios fundamentales eran los mismos: la historia no sigue ningún libreto, los problemas del hombre no tienen solución, toda sociedad tiene su propia fibra, los atajos son trampas, el culto a las abstracciones es un altar de sacrificios. El hombre tiende a levantar templos a sus ideas. Templos en los que carne humana se

---

[22] Quien hace esta descripción es Pavel Annenkov, citado por Berlin en "Alexander Herzen", en *Pensadores rusos*, México, Fondo de Cultura Económica, 1979, p. 357.

incinera. Las ideas vueltas ídolo; los hombres convertidos en ofrenda. Muchas han sido las ideas enaltecidas: la Justicia, la Hermandad, la Felicidad, el Orden, la Tradición, el Progreso. Herzen se detiene a analizar este dios del progreso. Un culto que nos convierte en pavimento que otros pisan. Lo que nos ofrece esta religión es que, después de nuestra muerte, todo será hermoso. Herzen responde *Desde la otra orilla:* una meta remota no es una meta; es un engaño. No podemos ser el asfalto del presente. "El fin de cada generación es ella misma."

No hay libreto, sentencia Herzen. La historia no tiene guión que reparta papeles, que perfile una trama lógica y que presagie un desenlace. La historia, esa autobiografía de un chiflado, es toda improvisación, toda sorpresa: no hay itinerario, no hay coherencia. Por eso la meta de la vida es la vida. Entregar el presente a la promesa de un futuro sublime conduce a la inmolación. Por eso debemos abrazar lo transitorio. Gozar lo fugaz. El arte y el chispazo de la felicidad individual son los únicos bienes a nuestro alcance. La tiranía de las abstracciones niega la rugosa vida. "¿Por qué canta un cantante?", pregunta Berlin, siguiendo al ruso. ¿Canta porque quiere rendir pleitesía al Arte? ¿Canta para anticipar una canción futura mucho más bella que la que vocaliza en ese momento? Nada de eso. Canta por cantar. "El propósito de un cantante es la canción. Y el propósito de la vida es vivirla."[23]

Herzen era tan adverso a los sistemas como Berlin. Las recetas terminan enterrando la fruta de la realidad en "el silencio de un santo estancamiento".[24] El mundo de las ideas no puede ser sustituto del mundo de las piedras, los insectos, la ópera y el chiste. Lo fascinante es que su escepticismo no lo empuja a la pasividad, que su pasión por el

---

[23] "Herzen y Bakunin", *ibid.*, p. 195.
[24] Alexander Herzen, *Pasado y pensamientos*, Madrid, 1994, Tecnos, p. 171.

cambio no lo ciega con ilusiones. Fue un exótico: un revolucionario no fanático. Un revolucionario sin utopía. Al dedicar *Desde la otra orilla* a su hijo de quince años, le pide que no busque soluciones en este libro. No hay soluciones, le advierte: el hombre no tiene solución. Lo que está resuelto está muerto.[25]

Si Berlin vio reflejadas sus convicciones en la cabeza de Herzen, en el novelista Turgueniev encontró su aprieto existencial. En su ensayo sobre el narrador ruso, Berlin describe la pinza que apretuja al moderado en tiempos difíciles. Unos lo tachan de temeroso que defiende a los poderosos, otros los identifican como cómplice de alborotadores. "Blando como la cera", Turgueniev se columpia entre las razones de los revolucionarios y los reparos de los tradicionalistas. Siente horror por las supersticiones y los abusos de los reaccionarios pero teme también la barbarie del radicalismo. Entiende a los viejos y quiere hacerse entender por los jóvenes. Por supuesto, no queda bien con nadie. A medida que el radicalismo se inflama, el terreno de la conciliación se angosta. Quienes se resisten a afiliarse a alguno de los bandos en contienda y pretenden conversar con ambas puntas, son tildados de blandengues, oportunistas, cobardes. Son indecisos en tiempos que no soportan la vacilación.

La indecisión del amigo de Flaubert es la tribulación del liberal. Más bien, la tribulación del moderado. Hombre débil, incapaz de comprometerse con su tiempo, cobarde que ve una lucha a muerte sentado sobre la barda. Paralizado por sus dudas es el tibio, el espantadizo. Berlin sintió que esa culpa era la suya. Sus críticos justamente le clavaron esa crítica en la espalda. Norman Podhoretz, por ejemplo, habló de su filosofía como una tibia tautología que rehuyó la controversia fundamental. Su moderatismo, arguye, pro-

---

[25] Alexander Herzen, *From the Other Shore*, Oxford University Press, p. 3.

viene menos de la duda que de una debilidad de carácter:
Berlin, filósofo sin esqueleto, no podía resistir el dolor de ser
impopular. Berlin, agrega Christopher Hitchens, estuvo per-
seguido por la necesidad de agradar. Quiso ser valiente pero
cuando había que tomar una decisión que supusiera riesgos,
recordaba que tenía que tomar el té en algún otro lugar.[26]

LOS LECTORES DE ISAIAH BERLIN DEBEMOS MÁS A LA PACIENCIA
del editor que a la perseverancia del escritor. A Henry Hardy
debemos la posibilidad de leer a ese sabio tímido que escribía
mucho y publicaba poco, que dictaba conferencias extraor-
dinarias sin guardar apunte de sus lecciones. El conversador prodigioso temía a la imprenta y acumulaba manuscri-
tos en la polvareda solitaria de su estudio. De no ser por los
rescates de su editor, contaríamos apenas con un puñado de
textos de Berlin: su monografía de Marx, sus cuatro ensayos sobre la libertad y su libro sobre Herder y Vico. El resto
de sus trabajos estaría perdido en la memoria de quienes
asistieron a sus conferencias u oculto entre las tapas de una
vieja revista. Hardy ha dado cuerpo a una obra que pudo
haber sido puro aire.

La colaboración entre Hardy y Berlin empezó en los
años setenta, cuando el historiador de las ideas estaba en la
plenitud intelectual y empezaba a conformarse la leyenda
del intelectual sin obra. Berlin, en efecto, había publicado
muy poco y no tenía el menor interés de encerrarse para escribir su gran tratado sobre el romanticismo. Lo detenía la
modestia y, quizá, el miedo. Berlin sostuvo siempre que sus
talentos eran limitados, y que su prestigio era producto de

---

[26] Las críticas vienen de Norman Podhoretz, "A Dissent on Isaiah Berlin", en *The Norman Podhoretz Reader. A Selection of his Writings from the
1950s through the 1990s,* Free Press, 2004; y de Christopher Hitchens,
"Goodbye to Berlin", en *Unacknowledged Legislation. Writers in the Public
Sphere,* Londres, Verso, 2000.

alguna equivocación. Que el error dure mucho tiempo, completaba. No he tenido agenda intelectual. Soy un taxi. La gente me para a la mitad de la calle, yo me detengo y voy donde ellos me piden.

La modestia era quizá una estudiada forma de vacunarse contra sus críticos. El profesor de Oxford sentía miedo de que la letra impresa llevara el sello de su nombre. Temía que en el momento en que se le sometiera al examen riguroso de la lectura, su prestigio se desmoronaría. Mejor el recuerdo borroso de su voz inimitable que la estampa de lo que él calificaba como medianía. Berlin era, en efecto, un autor necesitado de editor. Henry Hardy fue ese editor.

Como cuenta Michael Ignatieff, los dos hombres nunca llegaron a ser amigos. Sus modos eran muy distintos. El autor era desordenado, caprichoso y modesto; el editor era metódico, obsesivo, quisquilloso, aun pedante. En términos laborales, el impulso estuvo siempre del lado del editor. Hardy aceleraba, Berlin ponía el freno. El editor quería publicarlo todo, el autor apenas cedía unos papeles tras años de persuasión. Si Rousseau dijo de sí mismo que había sido filósofo a pesar suyo, bien puede decirse de Berlin que fue autor muy a su pesar. El editor exhuma los restos de una conferencia, descifra los garabatos y los jeroglíficos de algún apunte, transcribe pacientemente las viejas grabaciones, remonta los reparos del profesor. La obra de Isaiah Berlin es, en cierto modo, el triunfo del terco editor sobre el autor renuente.

Hay algo de milagroso en la publicación de los ensayos de Isaiah Berlin. El logro más asombroso de Hardy fue la restauración del ensayo sobre Hamann, el excéntrico pensador prusiano que se opuso con vehemencia a la modernidad liberal. Escarbando entre papeles y carpetas, Hardy había encontrado un manuscrito admirable con largos párrafos sobre el escritor. Ahí había un libro que publicar. Pero a la mitad del último capítulo, el argumento se suspendía con una inserción que decía: "¿por qué estamos aquí?, ¿cuál es nuestra misión?, ¿cómo podemos calmar la..." Y en ese punto el manuscrito se cortaba. El libro no podía nacer.

Tiempo después, encontró en el sótano de la casa de Berlin un sobre polvoso que decía "Hamann". Dentro del sobre, varias cintas rojas. Las cintas eran tiras quebradizas que no podían ser escuchadas en las máquinas disponibles. La tecnología de esas grabaciones era totalmente obsoleta. Hardy se puso en contacto entonces con el National Sound Archive de Londres en donde los expertos buscaron reproducir las cintas. Intentaron comprar el dictáfono de Agatha Christie que acababa de ponerse a subasta, pero éste ya se había vendido. Finalmente, el Museo de Ciencias localizó un viejo dictáfono inservible. Los técnicos lo repararon para que pudiera recibir las cintas de lo que parecían grabaciones de una conferencia sobre Hamann. El problema de la máquina se había resuelto. El inconveniente ahora era que las cintas estaban seriamente dañadas: el tiempo las había endurecido. Entonces, las tiras hubieron de ser calentadas en un horno para que se suavizaran. Finalmente, tras un larguísimo suspenso, los expertos lograron transferir la grabación a unos casetes. Con mano temblorosa, Henry Hardy apachurró el botón de *play* de un tocacintas convencional. De la máquina, entre una cortina de ruido, emergió la voz galopante de Berlin. Después de un rato, pudo escucharlo decir: "¿Por qué estamos aquí?, ¿cuál es nuestra misión?, ¿cómo podemos calmar la agonía espiritual de aquellos que no descansarán hasta obtener respuesta a todas estas preguntas". Y después de eso, lo escuchó continuar hasta completar el capítulo y proseguir para armar otro capítulo y formular las conclusiones del ensayo. El libro de Hamann había nacido.

AL RETRATAR LA CONTRADICCIÓN DE NUESTROS IDEALES, BERLIN supo ver la insuficiencia del que sentía más propio. Liberal con aire trágico, estuvo muy lejos de abrazar el culto al mercado y se resistió a desechar la aspiración de pertenencia. Algunos leyeron su defensa de la libertad negativa como un elogio del estado mínimo, como una defensa de una competencia económica sin riendas donde el poder público apenas aparece como vigía. Caricatura: Berlin se sintió siempre un liberal de izquierda. Estaba convencido de que la libertad no podía aflorar en una sociedad marcada por la ignorancia y la pobreza. Por ello admiró el *New Deal* de Roosevelt como una política que, en este mundo inhóspito, encontró el punto de conciliación entre libertad e igualdad.

La pertenencia fue para él una sed continua. Habiendo sido arrancado de su tierra natal desde muy niño, sintió la necesidad de formar parte de una comunidad. En ese sentido, el liberalismo de Berlin no se declara rival de la comunidad. O, por lo menos, de alguna forma de apetito nacional. Si hay un nacionalismo que muerde, también hay un nacionalismo que abriga. Frente al nacionalismo de la quijada dura, de la memoria resentida y de soberbia pendenciera, hay un nacionalismo suave que cobija. Se trata de un nacionalismo tranquilo que permite que el hombre se sienta en casa y con los suyos. Berlin encuentra en Herder el buscador de esta pertenencia. "Creía que así como necesita comer y beber, tener seguridad y libertad de movimiento, la gente necesita pertenecer a un grupo. Privada de esto, se siente aislada, solitaria, disminuida, infeliz."[27] Herder mostraba que el nacionalismo podía ser no político, no agresivo. El cosmopolitismo de los liberales o los socialistas era para él un empeño hueco que ignoraba los deseos más profundos del hombre. Por eso fue sionista: quiso que los ju-

---

[27] "Nacionalismo bueno y malo. Entrevista de Nathan Gardels con Isaiah Berlin", *Vuelta*, febrero de 1992, p. 13.

díos tuvieran país, casa. Sabía que el nacionalismo podía ser una estupidez o un crimen, pero sentía la necesidad de pertenecer a una familia hecha de costumbres, ritos, sabores.[28]

El nacionalismo berliniano parece más una disposición anímica que una convicción intelectual. Aborrecía las nociones organicistas que convierten al individuo en célula insignificante y prescindible, ridiculizaba la necedad de quien sigue un camino por el hecho de ser propio aunque conduzca al barranco, temía la violencia del resentimiento nacionalista. Lo decía: el nacionalismo es una enfermedad: la infección de una herida. Y aún así, viendo el peligro a la cara, entendía el valor de pertenecer.

Se pertenecía, por cierto, a una familia concreta, a una nación con sus lluvias, sus ficciones, sus fiestas y sus panes. Como aquel reaccionario al que estudió, diría que el hombre, así, en abstracto, es un animal inexistente; las criaturas que viven en la Tierra son alemanes, rusos, italianos, mexicanos. De ahí sus sospechas del molde universal de los enciclopedistas. Citaba aquel párrafo en el que Montesquieu daba la razón a Moctezuma cuando argumentaba que la religión de los españoles era buena para ellos y la azteca era buena para los suyos. Del liberalismo llegó a decir que, siendo una obra europea, difícilmente podría aclimatarse en otras tierras. Sospecho, dijo, que no debe haber muchos liberales en Corea y dudo que haya liberalismo en Latinoamérica. "Creo que el liberalismo es esencialmente la creencia de un pueblo que ha vivido en el mismo suelo por un largo tiempo y en relativa paz el uno con el otro. Un invento inglés."[29]

En uno de los pocos viajes que hizo fuera de su mundo,

---

[28] Sobre el nacionalismo y el sionismo de Berlin puede leerse el ensayo de Buruma "The Last Englishman...", cit., y "The Crooked Timber of Nationalism" de Avishai Margalit, recogido en Ronald Dworkin, Mark Lila y Robert B. Silvers, *The Legacy of Isaiah Berlin*, Nueva York, The New York Review Books, 2001.

[29] La cita proviene de "Isaiah Berlin in Conversation with Steven Lukes", *Salmagundi*, núm. 120, otoño de 1998.

confrontó una cultura que le resultó perturbadora. A principios de 1945, Berlin contrajo una enfermedad fastidiosa.
Nada grave. Trabajaba en la embajada inglesa en Washington y uno de sus compañeros de trabajo, yerno de Dwight
Morrow, el ex embajador norteamericano en México, lo
invitó a Cuernavaca a descansar y reponerse de su malestar.
El clima y la calma le sentarían bien. Así, Berlin pasó diez
días en la Casa Mañana de Cuernavaca y un par de días en
la ciudad de México. Las cartas que ha recogido Henry
Hardy dan cuenta de sus impresiones. No hay cartas ni pos-
tales fechadas en México, pero sí un par de referencias a su
visita en misivas posteriores. Como terapia, el tratamiento
del sol de Cuernavaca fue eficaz: a su regreso a Washington,
Isaiah comenta a sus padres que su salud es estupenda. Su
imagen de México, sin embargo, es una mezcla de fascinación y horror, curiosidad antropológica y repulsión física.
Berlin se siente complacido de haber conocido México pero
deja muy claro que no le interesa volver. México era una
nación extraña, salvaje, tosca y tímida. México era un país
"lleno de crueldad y bárbara imaginación" al que Berlin no
quería regresar jamás. Doce días habían sido suficientes.
Sus impresiones sobre los mexicanos eran contradictorias:
por una parte veía temperamentos ricos y profundos, ani-
mados por una rica vida interior. Por la otra, los recordaba
como personajes oscuros y feroces dominados por la superstición y el barbarismo.

> La tierra en México es obviamente muy rica y puede dar vida
> a la vegetación más recargada, pero la mirada en los ojos de
> su gente me aterró. Podría respetarlos y hasta admirarlos,
> pero creo que nunca podría sentirme a gusto entre ellos.

El profesor veía a México como un país con exuberancia vegetal y salvajismo que difícilmente podía formar parte
de la civilización liberal. Al parecer, el botánico dictamina

que la planta inglesa no puede trasplantarse a cualquier tierra. Para aclimatarse, la libertad necesita encontrar una cultura de tolerancia y una historia de paz. Liberalismo para el hombre rico, salta Christopher Hitchens: liberalismo para los que no lo necesitan.[30]

EN ALGÚN MOMENTO ISAIAH BERLIN ESCRIBIÓ QUE SU ÚNICA pasión verdadera era la música. Si su vida pública colgó de su mirada, su intimidad seguía los laberintos de su oído. Lo revelan con claridad sus cartas: disfruta los hallazgos de la biblioteca, goza la conversación, le inquieta la política. Pero vive para cazar conciertos, para escuchar las partituras de Bach, los cuartetos de Beethoven, las sonatas de Schubert, las sinfonías de Mozart. Vive para asistir al festival de Salzburgo, para conocer a Toscanini, para presenciar una nueva puesta en escena de *Nabucco*, para oír a la filarmónica de Viena o el piano de Arthur Schnabel. Berlin podía cruzar media Europa para escuchar un concierto. De todos sus quehaceres, no hubo ninguno que lo llenara de gozo como ser director de la ópera de Londres en Covent Garden. Isaiah Berlin asistía a todas las funciones, formaba el repertorio de la temporada, buscaba directores, contrataba a los cantantes que admiraba, escribía las notas del programa. Al describir a Verdi en alguno de sus ensayos, nombraba su propia sensibilidad:

> Fue el último maestro en pintar con colores positivos, claros, primarios, en dar expresión directa a las eternas y mayores emociones humanas: amor y odio, celos y miedo, indignación y pasión; pesar, furia, burla, crueldad, ironía, fanatismo, fe, las pasiones que todos los hombres conocen. Después de él esto es mucho más raro.[31]

---

[30] Chistopher Hitchens, "Goodbye to Berlin", cit., p. 162.
[31] "La naïveté de Verdi", en *Contra la corriente*, p. 372.

Un par de años antes de su muerte, Isaiah Berlin imaginaba su funeral como un concierto: Alfred Brendel tocando una sonata de Schubert. Así fue. El 14 de enero de 1998, en la ceremonia a su memoria en la sinagoga de Hampstead, en Londres, Alfred Brendel tocó el andantino de la sonata en La Mayor de Schubert. La suave melancolía de sus primeras frases es interrumpida súbitamente por una tormenta. Entre la dulzura, la tragedia. Brendel fue uno de los últimos grandes amigos de Berlin. Los unía, naturalmente, el amor por la música. También un perfecto trío de odios: el ruido, el humo del cigarro y los fanáticos.

En la misma ceremonia, Bernard Williams, uno de los hombres más cercanos a Isaiah Berlin, dijo que la imagen que más recordaría de su amigo no sería la de Berlin hablando brillantemente con ese acento tan suyo, tan irrepetible. Lo recordaré escuchando su música, decía. Concentrado en la melodía, moviéndose ligeramente, perdido en un lugar más allá de las palabras, los argumentos, la historia.

SÍLABAS ENAMORADAS

> El ser carece de contrarios.
>
> ANTONIO MACHADO

EL PENSAMIENTO se fundamenta en un desarraigo. Cercar las palabras, dice Octavio Paz, es "arrancar al ser del caos primordial".[1] En el cuchillo de un poeta nacido en Elea hace más de veinticinco siglos encontramos el origen de esta cisura de Occidente. Parménides narra su viaje hacia la luz montado en una carroza fantástica y escoltado por doncellas solares. Después de abrir con suaves palabras las puertas de la noche y el día encontró a una diosa sin nombre. La divinidad acogió benévola al poeta y le reveló la entraña "bellamente circular" de la verdad.

Atención, pues:
Que Yo seré quien hable;
Pon atención tú, por tu parte, en escuchar el mito:
Cuáles serán las únicas sendas investigables del Pensar.

Ésta:
Del Ente es ser; del Ente no es no ser.
Es senda de confianza,
pues la Verdad la sigue.

Lo que es existe, lo que no es no merece palabra. Ahí está el filoso cuchillo de Parménides, la navaja de la disyunción que sigue partiéndonos. El hombre no es polvo; el

---

[1] Octavio Paz, *El arco y la lira, Obras completas,* México, Fondo de Cultura Económica, 1995, 1: 116.

155

agua no arde; lo ligero no oprime. La realidad es una, imperturbable. Muchos de los contemporáneos de Parménides pensaron que era un cretino: quien abre los ojos observa la exuberancia de las cosas, la incesante mudanza de la vida, la presencia de la ambigüedad, la ironía de los cuerpos. La realidad, responde Parménides, no se ve con la retina sino con los párpados cerrados de la inteligencia. La imaginación queda proscrita: lo que es nada viene de la nada.

Si para Rousseau la caída de nuestra civilización fue la propiedad, para Octavio Paz nuestro desamparo nace con la definición. Nuestras desdichas no nacieron en el momento en que alguien dijo: "esto es mío", sino en el momento en que alguien dijo: "esto es esto y no puede ser aquello". Dos pecados humanos: adueñarse de la naturaleza que es de todos; aprisionar el significado variable de las cosas. Esa cerca del ser, esa muralla que divide al mundo en dos mitades, esa prisión lógica que nuestro pensamiento no puede perforar es la casa de Occidente. De ahí viene el desarraigo: la palabra quedó hecha pedazos y, con ella, nosotros partidos.

> Todo era de todos
>   Todos eran todo
> Sólo había una palabra inmensa y sin revés
> Palabra como un sol
> Un día se rompió en fragmentos diminutos
> Son las palabras del lenguaje que hablamos
> Fragmentos que nunca se unirán
> Espejos rotos donde el mundo se mira destrozado

Las palabras rasgan pero también enlazan. El trabajo del poeta es recrear la originaria fraternidad de los significados. La imagen poética traspasa la muralla y dice lo indecible: las plumas son piedras. "El universo deja de ser un vasto almacén de cosas heterogéneas. Astros, zapatos, lágrimas, locomotoras, sauces, mujeres, diccionarios, todo es una inmensa familia, todo se comunica y se transforma sin cesar, una misma sangre corre por todas las formas y el hombre puede ser al fin su deseo: él mismo."[2] La raíz de la poesía es la comunión del hombre y el mundo, las plantas y los volcanes. En Estocolmo, al recibir el Premio Nobel, recordaba una noche en el campo cuando percibió la correspondencia de los astros y los insectos:

> Es grande el cielo
> y arriba siembran mundos.
> Imperturbable,
> prosigue en tanta noche
> el grillo berbiquí.

El poema es el campo de las conciliaciones. Pacto instantáneo de enemigos, el poema encuentra la afinidad oculta entre realidades distantes: el grillo y el cosmos. Escribir es recrear esa fraternidad cósmica que la lógica mutila. La conciencia de la contradicción y el anhelo de reconciliación nace en Paz desde muy temprano, desde su infancia en Mixcoac. A Julio Scherer le cuenta que su casa era

el teatro de la lucha entre las generaciones. Mi abuelo —periodista y escritor liberal— había peleado contra la intervención francesa y después había creído en Porfirio Díaz. Una creencia de la que, al final de sus días, se arrepintió. Mi padre decía que mi abuelo no entendía la Revolución mexicana y mi abuelo replicaba que la Revolución había sustituido la dictadura de uno, el caudillo Díaz, por la dictadura anárquica de muchos: los jefes y jefecillos que en esos años se mataban por el poder.

---

[2] *Ibid.*, 1: 126.

Mi abuelo, al tomar el café,
me hablaba de Juárez y de Porfirio,
los zuavos y los plateados.
Y el mantel olía a pólvora.

Mi padre, al tomar la copa,
me hablaba de Zapata y de Villa,
Soto y Gama y los Flores Magón.
Y el mantel olía a pólvora.

Yo me quedo callado:
¿de quién podría hablar?

El café del abuelo se enfrentaba con el alcohol del padre.
Los líquidos se enfrentan: chocan, se envuelven, se estrangulan. Después son uno en el paladar de Octavio Paz Lozano. El liberalismo no tenía que matar a la comunidad ancestral; el apego a la tierra no exigía el aniquilamiento de la legalidad. Desde entonces, Paz rechaza la opción: no es esto *o* lo otro sino esto *con* lo otro. "Mi abuelo tenía razón pero también era cierto lo que decía mi padre."[3] Desde esas quemantes discusiones podemos ver la marca de la literatura paciana: la conciliación de los contrarios. Paz supo que aun en las voces más distantes había un hondo parentesco. Su obra extiende esas conversaciones del desayuno: diálogo con John Donne y Apollinaire, diálogo con las serpientes de la diosa Coatlicue, y los colores danzantes de Miró; diálogo con Pessoa y sus heterónimos; diálogo desde las tres puntas del surrealismo; diálogo con Quevedo, Machado y Ortega; diálogo con sor Juana, Jorge Cuesta, Alfonso Reyes; diálogo con los olores y los sabores de la India, sus mitos y formas; diálogo con la poesía china; diálogo con los disidentes del fin de siglo y los inquisidores coloniales; diálogos sobre el

---

[3] "Suma y sigue" (Conversación con Julio Scherer), *OC* 8: 366.

erotismo y la democracia. Diálogos que alumbran una civilización. La civilización Octavio Paz.

Conversaciones marcadas por el anhelo de trascender la
contradicción. El mantel de Mixcoac raja el cuchillo de Parménides. El mantel es el puente que ahuyenta las clasifica-
ciones y las disyunciones. Como lo vio Manuel Ulacia, en la
poesía y en el ensayo de Octavio Paz se escenifican una y
otra vez estas nupcias de contrarios.[4] El goteo rítmico que
sostiene su pensamiento son columnas fraternalmente enemigas: soledad y comunión; unión y separación; la flecha y
el blanco; la ruptura y la conciliación; modernidad y tradición; confluencias y divergencias; inmovilidad y danza. La
clave estaba fuera de Occidente. El filósofo taoísta Chuang-
Tse decía, por ejemplo:

> Si no hay otro, que no sea yo, no hay tampoco yo. Pero si no
> hay yo, nada se puede saber, decir o pensar [...] La verdad es
> que todo ser es *otro*, y que todo ser es sí mismo [...] El otro
> sabe del sí mismo pero el sí mismo depende también del otro
> [...] Adoptar la afirmación es adoptar la negación.[5]

En *Blanco*, poema de voces múltiples que recorre los
territorios del amor, la palabra, el conocimiento, el poema
que Paz considera uno de sus trabajos más complejos y
ambiciosos, encontramos estas líneas que sintetizan el esfuerzo por reencontrar la mitad perdida, la mitad negada
del hombre.

No y Sí

juntos

dos sílabas enamoradas

[4] Véase "La conciliación de los contrarios", en Adolfo Castañón, Ramón
Xirau *et al.*, *Octavio Paz en sus "Obras completas"*, México, Consejo Nacional para la Cultura y las Artes y Fondo de Cultura Económica, 1994, y su
completo estudio *El árbol milenario. Un recorrido por la obra de Octavio
Paz*, Barcelona, Círculo de Lectores, 1999.

[5] "Nosotros: los otros", *OC* 10: 33.

Un personaje invisible hechiza a los enamorados: la imaginación. La imaginación no es en Paz la "loca de la casa", como la apodó santa Teresa; es el supremo ejercicio de la inteligencia. La capacidad de asociar entidades aparentemente distantes es penetrar en la verdad. "La poesía es entrar en el ser", escribió en *El arco y la lira*. No el ser de la apariencia ni el de la lógica: el ser de lo más humano: la palabra.

> El modo de operación del pensamiento poético es la imaginación y ésta consiste, esencialmente, en la facultad de poner en relación realidades contrarias o disímbolas. Todas las formas poéticas y todas las figuras del lenguaje poseen un rasgo común: buscan, y con frecuencia descubren, semejanzas ocultas entre objetos diferentes. En los casos más extremos, unen a los opuestos. Comparaciones, analogías, metáforas, metonimias y los demás recursos de la poesía: todos tienden a producir imágenes en las que pactan el esto y el aquello, lo uno y lo otro, los muchos y el uno.

Escribir es buscar. Perseguir el centro del instante, sustraer el mundo de su río, salvar, petrificar lo que el tiempo disuelve. "Escribir es la incesante interrogación que los signos hacen a un signo: el hombre; y a la que ese signo hace a los signos: el lenguaje." La pasión del lenguaje no es otra cosa que pasión por el conocimiento, pasión por el conocimiento que no es otra cosa que amor por las palabras. Pere Gimferrer lo llama por ello "poeta del pensamiento". Un poeta de la familia de John Donne, Quevedo, Wordsworth, T. S. Eliot, Valéry.[6] El poeta catalán conocía de los rigores de la imaginación poética de Paz. Un poema es una forma de saber. Una carta que el poeta mexicano dirigió al catalán escrita un día cualquiera de 1967 vale como muestra de su exigencia.

---

[6] "Poesía del pensamiento", *Vuelta*, mayo de 1998.

Querido Gimferrer: ponga en duda las palabras o confíe en ellas, pero no trate de guiarlas ni de someterlas. Luche con el lenguaje. Siga adelante la exploración y la explosión comenzada en *Arde el mar.* Hoy al leer en un periódico una noticia sobre no sé qué película, tropecé con esta frase: el hombre no es un pájaro. Y pensé: decir que el hombre no es un pájaro es decir algo que por sabido debe callarse. Pero decir que un hombre es un pájaro es un lugar común. Entonces [...] entonces el poeta debe encontrar la *otra* palabra, la palabra no dicha y que los puntos suspensivos de "entonces" designan como silencio. Así, luche con el silencio.

En otra carta sigue la lectura de su amigo:

Yo creo que usted debe seguir por el camino que ahora ha emprendido y llevar a su término la experiencia. Lo que me atrevería a aconsejarle es que la lleve a cabo con todo rigor, pues de otra manera no sería una experiencia sino un desliz. Los nuevos poemas que me ha enviado me gustan más que los anteriores pero no modifican sustancialmente mi impresión primera. Repito: no es un problema de tema sino de rigor. En primer término: el vocabulario. Yo suprimiría muchos adjetivos que son obvios o previsibles. Un ejemplo: el *sutil* paso del duende, el susurro *floral* de los sargazos, etc. También suprimiría frases explicativas: la voz de las sirenas que parece salir de nuestro propio pecho. ¿No habría una manera más "económica" de decir esto? Usted desea, me imagino, más *mostrar* que *evocar,* pero muchas veces sus poemas no son instantáneas sino evocaciones: no deja usted hablar a las cosas e interviene.[7]

Los rigores de la imaginación.

[7] Octavio Paz, *Memorias y palabras. Cartas a Pere Gimferrer, 1966-1977,* Barcelona, Seix Barral, 1999.

LA OBRA DE PAZ ES UN PROLONGADO, CONVINCENTE ALEGATO A favor de los derechos de la poesía. Como bien dice Enrico Mario Santí, la poesía es el marco de toda su obra: no solamente hacer poesía y pensarla sino, sobre todo, pensar *desde* la poesía.[8]

> Entre el hacer y el ver,
> acción o contemplación,
> escogí el acto de palabras:
> hacerlas, habitarlas,
> dar ojos al lenguaje.

Nítida declaración de una vocación: hacer las palabras, habitar las palabras. El habitante del lenguaje escucha al mundo poéticamente; así lo nombra. La poesía en Paz no es fantasía: es contemplación que navega entre la filosofía y la historia. Sin ser una ni otra, es, como la filosofía, contemplación y como la historia, pinza de lo concreto. El decir poético sale al encuentro del hombre, el arte, las letras, los hábitos y el poder. La pasión crítica de Paz llega también a abrazar la cosa política. En el discurso de Paz al recibir el premio Alexis de Tocqueville en 1989, decía:

> Desde mi adolescencia he escrito poemas y no he cesado de escribirlos. Quise ser poeta y nada más. En mis libros de prosa me propuse servir a la poesía, justificarla y defenderla, explicarla ante los otros y ante mí mismo. Pronto descubrí que la defensa de la poesía, menospreciada en nuestro siglo, era inseparable de la defensa de la libertad. De ahí mi interés apasionado por los asuntos políticos y sociales que han agitado nuestro tiempo.[9]

---

[8] "Los derechos de la poesía", en Adolfo Castañón, Ramón Xirau y otros, *Octavio Paz en sus "Obras completas"*, op. cit.

[9] "Poesía, mito, revolución", en *OC* 1: 522.

La poesía inmiscuyéndose en asuntos de soberanía. No ha habido condena más enérgica a esa intromisión que la de Platón, un poeta. Platón decide expulsar la poesía de la perfecta ciudad congelada por la razón. La poesía como rival de la verdad, de la unidad, del orden. Inventar mundos a la palabra, romper los significados, recordar lo que ha perdido nombre, designar lo inexistente es despedazar la impenetrable escultura de Utopía. Herética, ebria, subversiva, melancólica, la poesía no puede reclamar jurisdicción sobre las graves cosas del Estado. El poeta podrá animar el banquete pero nunca enjuiciar al parlamento. La lucha entre las dos formas de la palabra —filosófica y poética— se resuelve en Platón con la ejecución de la poesía. Entonces se inaugura, dice María Zambrano, la vida azarosa, ilegal de la poesía; su maldición.[10]

Paz no quiso disfrazarse con el vocabulario del especialista para hablar de la historia o de la política. "Prefiero hablar de Marcel Duchamp o de Juan Ramón Jiménez que de Locke o de Montesquieu. La filosofía política me ha interesado siempre pero nunca he intentado ni intentaré escribir un libro sobre la justicia, la libertad o el arte de gobernar."[11] Sin pretensiones teóricas, sus reflexiones políticas son reflejos, escritos lúcidos y profundos de un testigo frente a los acontecimientos. Opiniones. La fuerza de sus palabras viene de su impotencia. "La palabra del escritor tiene fuerza porque brota de una situación de no fuerza. No habla desde el Palacio Nacional, la tribuna popular o las oficinas del Comité Central: habla desde su cuarto."[12] En este

[10] María Zambrano, *Filosofía y poesía*, Madrid, Fondo de Cultura Económica, 1993, pp. 13-14.

[11] "La democracia: lo absoluto y lo relativo", *OC* 9: 473.

[12] "El escritor y el poder", *OC* 8: 549. "¿Desde dónde escribe usted, desde el centro, desde la izquierda, desde dónde?", le pregunta Braulio Peralta. Paz responde: "Desde mi cuarto, desde mi soledad, desde mí mismo. Nunca desde los otros". Braulio Peralta, *El poeta en su tierra. Diálogos con Octavio Paz*, México, Raya en el Agua, 1999.

siglo intoxicado por las ideologías —creencias tapiadas, satisfechas— Octavio Paz empuña la aguja de la crítica. La crítica "es nuestra única defensa contra el monólogo del Caudillo y la gritería de la Banda, esas dos deformaciones gemelas que extirpan al *otro*".

Escribir, defender la poesía exigía confrontar la política, es decir, defender la libertad. Pero, ¿qué es la libertad para Octavio Paz? Una y otra vez se resiste a la cápsula de la definición en sus ensayos. Precisar el significado de la palabra libertad sería esclavizarla. Por eso dice que no se trata de una idea sino de un acto, más bien, de una apuesta. Es libre el hombre que dice no, el que se niega a seguir el camino y da la vuelta. La libertad se inventa al ejercerse. Como Camus, Paz dice: ser es rebelarse. Por eso el poeta no sigue el trazo de los técnicos que quieren reducir la libertad al escudo que nos resguarda del Estado. La libertad moderna de Benjamin Constant o la libertad negativa de Isaiah Berlin puede ser un aposento que nos encierre en nosotros mismos. Por eso quiere, a diferencia de los ingenieros, una libertad de párpados abiertos. Peligrosa una libertad ensimismada, presa en su soledad; miserable el hombre que no logra desprenderse de sí: "un ídolo podrido". La libertad es la proeza de la imaginación.

> La libertad es alas,
> es el viento entre hojas, detenido
> por una simple flor; y el sueño
> en el que somos nuestro sueño;
> es morder la naranja prohibida,
> abrir la vieja puerta condenada
> y desatar al prisionero:
> esa piedra ya es pan,
> esos papeles blancos son gaviotas,
> son pájaros las hojas
> y pájaros tus dedos: todo vuela.

A los veintiún años, Octavio Paz escribió que "ser es limitarse, adquirir un contorno".[13] La libertad, la existencia misma del hombre reclama al otro. El otro es el corazón de uno mismo. Ésa es la llave de *El laberinto de la soledad* y la conclusión de *Postdata:* la otredad nos constituye. "Nos buscábamos a nosotros mismos y encontramos a los otros." Lo dice muy claramente al hablar de la poesía erótica de Luis Cernuda: ser es desear. "Cada vez que amamos, nos perdemos: somos otros. El amor no realiza al yo mismo: abre una posibilidad al yo para que cambie y se convierta. En el amor no se cumple el yo sino la persona: el deseo de ser otro. El deseo de ser."[14] Ser es derramarse.

El liberalismo puede ser la visión más hospitalaria del mundo pero deja sin respuesta todas las preguntas sobre el origen y el sentido de la vida. En Paz encontramos un moderado, es decir, tocquevilleano, amor por la democracia liberal. Ama en ella la civilidad de su convivencia, su generosidad, la presencia de la crítica. Pero sabe también que en las formas democráticas no están las respuestas a los acertijos medulares de nuestra existencia. Las democracias modernas ignoran al otro y tienden al conformismo, a las "sonrisas de satisfacción idiota". El liberalismo

> fundó la libertad sobre la única base que puede sustentarla: la autonomía de la conciencia y el reconocimiento de la autonomía de las conciencias ajenas. Fue admirable y también terrible: nos encerró en un solipsismo, rompió el puente que unía el yo al tú y ambos a la tercera persona: el otro, los otros. Entre libertad y fraternidad no hay contradicción sino distancia —una distancia que el liberalismo no ha podido anular—.

[13] "Vigilias: diario de un soñador", *OC* 8: 147.
[14] "Luis Cernuda", *OC* 3: 253.

No ha podido liquidar la distancia porque no ha completado su inmersión en el otro. Por ello el liberalismo paciano se desliga de sí mismo.

En "Piedra de sol", Octavio Paz describe esta necesidad de encontrar al otro:

> para que pueda ser he de ser otro,
> salir de mí, buscarme entre los otros,
> los otros que no son si yo no existo,
> los otros que me dan plena existencia,
> no soy, no hay yo, siempre somos nosotros,
> la vida es otra, siempre allá, más lejos,
> fuera de ti, de mí, siempre horizonte,
> vida que nos desvive y enajena,
> que nos inventa un rostro y lo desgasta.

En su argumento sobre las insuficiencias de liberalismo, Octavio Paz no se percata de que una de las contribuciones más importantes del liberalismo es precisamente el paquete de preguntas que deja de hacerse. La mente liberal se concentra en la órbita de la política buscando tan sólo que el hombre sea dueño de sí mismo. Sabe que lo cuida de las amenazas del poder aceptando que no lo guía en el misterio de la vida. El liberalismo no es, no pretende ser, una religión; es una técnica. Pero ésa no es su miseria, como denuncia Paz. Es su grandeza.

Paz no se describió a sí mismo como un liberal. La camisa le apretaba. Simplemente se sintió cercano al liberalismo: "Mis afinidades más ciertas y profundas están con la herencia liberal".[15] Como ha resaltado Yvon Grenier, la comedida palabra *afinidad* es crucial en esta confidencia. Afinidad: proximidad, semejanza; no pertenencia. Más que el liberalismo, a Paz lo mueve una idea todavía sin nombre.

---

[15] "Pequeña crónica de grandes días", en *OC* 9: 471.

Fraternismo podría llamarse en algún futuro. Una política que tenga en el centro la fraternidad, la palabra olvidada del triángulo francés. Un poema, recordemos, captura la fraternidad cósmica: la hermandad del grillo y las estrellas. Ésa es la otra voz que necesita escuchar la nueva filosofía política. "La palabra *fraternidad* no es menos preciosa que la palabra *libertad:* es el pan de los hombres, el pan compartido."

> A mi modo de ver, la palabra central de la tríada (libertad, igualdad, fraternidad) es *fraternidad*. En ella se enlazan las otras dos. La libertad puede existir sin igualdad y la igualdad sin libertad. La primera, aislada, ahonda las desigualdades y provoca las tiranías; la segunda, oprime a la libertad y termina por aniquilarla. La fraternidad es el nexo que las comunica, la virtud que las humaniza y las armoniza. Su otro nombre es solidaridad, herencia viva del cristianismo, versión moderna de la antigua caridad. Una virtud que no conocieron ni los griegos ni los romanos, enamorados de la libertad pero ignorantes de la verdadera compasión. Dadas las diferencias naturales entre los hombres, la igualdad es una aspiración ética que no puede realizarse sin recurrir al despotismo o a la acción de la fraternidad. Asimismo, mi libertad se enfrenta fatalmente a la libertad del otro y procura anularla. El único puente que puede reconciliar a estas dos hermanas enemigas —un puente hecho de brazos enlazados— es la fraternidad. Sobre esta humilde y simple evidencia podría fundarse, en los días que vienen, una nueva filosofía política. Sólo la fraternidad puede disipar la pesadilla circular del mercado. Advierto que no hago sino imaginar o, más exactamente, entrever, ese pensamiento. Lo veo como el heredero de la doble tradición de la modernidad: la liberal y la socialista. No creo que deba repetirlas sino trascenderlas. Sería una verdadera renovación.[16]

[16] "La otra voz", *OC* 1: 586.

El poeta descubre en su imaginación todo lo que el liberalismo reprime, todo lo que el liberalismo olvida. Siempre vio con desconfianza, por ejemplo, el círculo impersonal e inflexible del mercado. Un monstruo ciego y sordo que no entiende del valor. El romántico condena de esa manera el lucro, el vicio del comercio que nos enfrenta como bestias. Desde "Entre la piedra y la flor", su primer intento por "insertar la poesía en la historia", Paz denuncia las crueldades de esa fría maquinaria del mercado.

> El dinero y su rueda,
> el dinero y sus números huecos,
> el dinero y su rebaño de espectros.

"Saber contar —escribiría Paz en otro sitio— no es saber cantar." Por ello la búsqueda de la libertad no puede separarse de la búsqueda de comunión. Si la imaginación poética es capaz de enamorar la sílaba que afirma con la sílaba que niega, la misma potencia ha de conciliar las doctrinas enemigas. El error, decía Pascal, no es lo contrario de la verdad; es el olvido de la verdad contraria. Paz tocó los cordones contrarios de la política: las razones de la libertad y las tradiciones de la comunidad; los derechos del individuo y el abrazo de la hermandad. No es extraño que encontrara en Cornelius Castoriadis la pista de una renovación filosófica, puesto que ahí la imaginación tiene carácter constituyente. "El alma —recuerda Castoriadis a Aristóteles— nunca piensa sin fantasmas." La crisis de nuestra civilización es el agotamiento de esos fantasmas, el vacío de sentido, la imaginación seca, el conformismo jactancioso. La democracia que defendía Castoriadis no era el seco ritual de las elecciones sino la viva civilización de las interrogantes, casa de puertas abiertas.

Nacido muy lejos de Mixcoac, ocho años más joven que Octavio Paz, Castoriadis trató de recuperar el ideal libertario del socialismo. Hombre de cabeza rapada, sonrisa de fruta y piel viva, Castoriadis era inteligencia hirviendo. Nada puede suplantar, decía, los goces de una discusión, vino, música y un buen chiste. De sus lecturas de Marx y de su práctica como psicoanalista, de su amor por la antigua Grecia y de su observación atenta de las huelgas de los mineros, de su sensibilidad poética y su práctica como economista surge una noción democrática que va mucho más allá de la competencia entre partidos. La democracia tiene sentido si cultiva realmente una sociedad de hombres autónomos, de hombres capaces de decidir su camino. Un régimen donde todas las preguntas pueden ser planteadas.

Al poeta toca reanimar la filosofía política para encontrar un nuevo mundo de significaciones en donde las ideas pierdan su envase dentellado. En ese camino está la propuesta de Leszek Kolakowski, quien escribió un manual para conservadores-liberales-socialistas que combate precisamente esa vieja filosofía de filosofías excluyentes. El filósofo polaco proponía como lema de su Internacional una frase que escuchó en un camión de Varsovia: "Por favor, avance hacia atrás". Kolakowski argumentaba que las aguas de aquellos ríos no tenían por qué fluir en cauces distintos. Bien pueden verter sus aguas en la misma cuenca. Un conservador sabe que las mejoras son costosas, que cada reforma tiene su precio; duda que la supresión de las tradiciones nos hará más felices y desconfía de las utopías. Abomina, sobre todo, a quienes pretenden usar la maquinaria estatal para encaminarnos al paraíso. Un liberal exige que el Estado garantice nuestra libertad, no que asegure nuestra felicidad. Finalmente, un socialista rechaza enérgicamente que la desigualdad sea una condena irremediable. Que la perfección sea inalcanzable no significa que nada pueda hacerse para disminuir la opresión.[17] Frente a la tiranía del o, la utopía del y. El derecho de no escoger. Así lo pone Paz en un poema:

[17] Leszek Kolakowski, *Modernity on Endless Trial*, Chicago, The University of Chicago Press, 1990. Hay una traducción publicada por Vuelta.

elegir
es equivocarse

Paz decidió no elegir: fue un romántico, un liberal, un conservador, un socialista, un libertario. Todo; al mismo tiempo. Defendió la libertad y la democracia representativa al tiempo que rechazaba la idolatría de la razón y del progreso. Apreció el flujo de las tradiciones, temió el estrépito de la revolución, anheló un mundo fraterno.[18] Corresponde a la imaginación encontrar el puente de las conciliaciones, el lazo de la convergencia de las dos grandes tradiciones modernas: liberalismo y socialismo. Es cierto: de la tabla para llegar a ese pacto, Paz dice muy poco. El poeta nombra, vislumbra, muestra, no dicta receta. Busca el agua otra.

LA POLÍTICA NO FUE LA PASIÓN DE OCTAVIO PAZ, POETA.

> La historia de la literatura moderna, desde los románticos alemanes e ingleses hasta nuestros días, es la historia de una larga pasión desdichada por la política. De Coleridge a Mayakovski, la revolución ha sido la gran Diosa, la Amada eterna y la gran Puta de poetas y novelistas. La política llenó de humo el cerebro de Malraux, envenenó los insomnios de César Vallejo, mató a García Lorca, abandonó al viejo Machado en un pueblo de los Pirineos, encerró a Pound en un manicomio, deshonró a Neruda y Aragón, ha puesto en ridículo a Sartre, le ha dado demasiado tarde la razón a Breton.[19]

La política es sentida así como una maldición. Una maldición que envilece inteligencias y encaja gusanos en la manzana de los afectos. Nunca le entusiasmó la política. Le in-

---

[18] Véase el ensayo de Yvon Grenier, *Del arte a la política. Octavio Paz y la búsqueda de la libertad*, México, Fondo de Cultura Económica, 2004.
[19] "La letra y el cetro", en *OC* 8: 546.

teresaba, eso sí —más bien, le preocupaba. Paz sabía que la maldita política no podía ser ignorada: ignorarla sería peor que escupir contra el cielo.

La idea del mal subyace en todas sus meditaciones políticas. "El mal: un alguien nadie." Desde esa convicción, es un liberal que ve al poder como amenaza, nunca como puente de redención. Liberalismo que en algunos momentos llega a coquetear con el anarquismo: "deberíamos quemar todas las sillas y tronos", llega a escribir en un arranque zapatista. Jamás puede bajarse la guardia frente al demonio cruel o seductor del poder. La larga reflexión de Octavio Paz sobre la historia y la política desemboca justamente en dos preguntas. "¿Somos el mal? ¿O el mal está fuera y nosotros somos su instrumento, su herramienta?" No, responde Paz. El mal está dentro: en el centro de nuestra conciencia, en la raíz misma de la libertad. "Ésta es la única lección que yo puedo deducir de este largo y sinuoso itinerario: luchar contra el mal es luchar contra nosotros mismos. Y ése es el sentido de la historia."[20] Por eso, y a diferencia de muchos de los más brillantes hombres de su siglo, no se acercó jamás a la política como quien busca a Dios, como quien pretende encontrar por fin al bien, como quien cree que en la política están las respuestas esenciales.

Por supuesto, ese liberalismo en guardia permanente frente al mal no está solo, como no está sola ninguna palabra en Paz. Todo vocablo en su lengua invita a su contrario a aparearse con él. Decir que Octavio Paz fue un liberal es decir una obviedad incompleta. Evidentemente fue liberal: defendió tercamente la autonomía del individuo, denunció el despotismo en todos lados, criticó los absolutos, fue un militante de la duda. Pero fue un liberal que hizo suyas muchas de las críticas al liberalismo, al que vio como un boceto a un tiempo admirable y *terrible.*

[20] *Itinerario,* en *OC* 9: 66.

No hay una doctrina política pulida en las páginas de Paz pero hay, sin duda, una densa y coherente meditación sobre los azares de la historia, las trampas de la ideología y las posibilidades del convivir. Valdría la pena concentrarse en sus aportaciones a la comprensión del cambio mexicano. Los primeros pasos de la democracia mexicana colocan los escritos políticos de Paz bajo una nueva luz. Leer hoy sus apuntes sobre la naturaleza de la burocracia, los vicios del PRI, las carencias intelectuales del PAN, las lacras de la izquierda, la baba de la demagogia, la compleja y exigente textura del pluralismo democrático es darle la razón a Gonzalo Rojas cuando dijo en el triste 19 de abril de 1998: "Todavía nos habla el muerto".

Nadie entendió la maquinaria del poder posrevolucionario en México, nadie anticipó los caminos de la democratización de México, nadie previó con tanta claridad el ritmo de su cambio y la acidez de sus amenazas como Octavio Paz. Con mucha mayor lucidez que todos los catedráticos universitarios, el poeta que se burlaba de la politología palpó las peculiaridades de la dominación priista, anticipó y demandó su cambio auténtico, previó las penurias democráticas. Leyendo a Paz encontramos el presente.

Pensar el hoy significa recobrar la mirada crítica de Paz. "Tenemos que aprender a ser aire, sueño en libertad." *Sueño en libertad.* En esas palabras desemboca *Postdata.* De ahí viene el título de una antología de escritos políticos de Octavio Paz que preparó Yvon Grenier. "Si la política es una dimensión de la historia, es también crítica política y moral. Al México del Zócalo, Tlatelolco y el Museo de Antropología tenemos que oponerle no otra imagen —todas las imágenes padecen la fatal tendencia a la petrificación— sino la crítica: *el ácido que disuelve las imágenes.*" La crítica es la batalla contra los sueños estancados: sablazo contra la telaraña de las ideologías. De ahí proviene la vigencia de Paz, enemigo de la ideología en el siglo de las borracheras ideológicas.

Paz cultiva el arte del discernimiento: ve, entre las muchas cosas, lo que es cada una. Por eso nunca simpatizó con los simplificadores. Los hechos sociales son siempre enredos. A la caricatura del régimen posrevolucionario como una dictadura semejante a las sudamericanas o como un primo cercano de los sistemas de partido único en Europa del Este, Paz opuso siempre sus razones. Cualquiera que haya vivido una dictadura se dará cuenta de que en México no existió tal cosa. La política posrevolucionaria no habrá sido de modo alguno democrática pero tampoco puede ser dibujada como un facsímil del franquismo. Habrá sido un crítico del poder pero antes de eso era un crítico. Su inteligencia estaba siempre por delante de su voluntad. Para oponerse al régimen político priista (una peculiar forma de dominación burocrática, patrimonialista y autoritaria) lo primero que había que hacer era entenderlo sin las desfiguraciones de los ideólogos que todo lo acomodan a su prejuicio. Creen que mientras más descalificaciones se lancen al cuerpo del adversario, más fuertes se hacen. Se debilitan, argumenta Paz, porque se engañan al abdicar de la inteligencia crítica. Antes que nada Paz buscaba comprender. "Me niego, para criticar al PRI, a caer en simplificaciones de moda."

Las peculiaridades del ogro mexicano le hicieron anticipar la ruta de la democratización. No sería la revolución sino la reforma lo que terminaría con ese régimen de emergencia que inauguró Calles. Una reforma, anticipaba Paz desde *Postdata,* que no rendiría frutos inmediatos. El camino del reformismo sería lento y azaroso. Desde el régimen había muchos actores que se resistirían a entregar sus privilegios; en la oposición había terribles flaquezas. La fascinación jacobina por la ruptura no lo embelesaba. Creía que el régimen político debía y podía caminar hacia su transformación democrática. Lo que obstruía esa transición era la "antinatural prolongación del monopolio político" del PRI y la inmadurez de sus adversarios.

Este último punto me parece relevante. Enemigo de cualquier esencialismo, no llegó a la conclusión de que la energía democratizadora se depositaba en algún sujeto históricamente privilegiado. No era la Oposición la portadora exclusiva de la bandera democrática; no era la Sociedad Civil la madre elegida de la democracia. El problema era la ausencia de demócratas. "El PRI debe ir a la escuela de la democracia", decía Paz. Y de inmediato agregaba: "También deben matricularse en esa escuela los partidos de oposición". De ahí viene lo que a muchos pareció parsimonia frente al ritmo de la democratización. Puede ser cierto: al ver a los adversarios del PRI, Paz no tenía prisa por verlo en la oposición. En el PAN vio un partido provinciano y mocho. A lo largo de los años fue matizando sus desconfianzas, pero seguía creyendo que a la derecha no le interesaban las ideas y los debates les producían dolor de cabeza. Podrán crecer y ganar elecciones pero no tienen proyecto para México. En los grupos ex priistas y ex comunistas que después se agruparían en el PRD veía los adefesios de la peor izquierda: demagogia, populismo, estatolatría, autoritarismo. Si las ardientes convicciones democráticas de los neocardenistas son sinceras, escribió Paz, son muy recientes.

No deja de llamar la atención que el escritor político más invocado por Paz en la antología de sus escritos políticos sea Karl Marx. El título mismo de su primer libro tiene aire marxista: "Raíz de hombre". Ser radical es llegar a la raíz. Paz veía su poesía erótica como un acto naturalmente revolucionario. Los grandes autores liberales apenas aparecen en esas páginas. Benjamin Constant se asoma en un epígrafe y desaparece, Locke es convocado tres veces, Isaiah Berlin ninguna. En contraste, Marx es citado en 29 ocasiones. El autor de *El ogro filantrópico* quería discutir con la izquierda. Con la derecha no tenía nada que hablar. De ahí la frustración de Paz frente a la ausencia de réplicas. Lo que le indignaba era la renuncia de la izquierda a la crítica: "La gran falla de la izquierda —su tragedia— es que una y otra vez, sobre todo en el siglo xx, ha olvidado su vocación original, su marca de nacimiento: la crítica. Ha vendido su herencia por el plato de lentejas de un sistema cerrado, por una ideología".[21]

El hilo del pensamiento político de Paz se tensa en su mesura. Hay que ser prudentes, cita a Diderot, "con gran desprecio hacia la prudencia". Así, su "amor" por la democracia es, como el de Tocqueville, muy moderado: el cariño de un escéptico. Veía por eso la llegada de la democracia a México con una mezcla de contento y preocupación.

> La creación de una democracia sana exige el reconocimiento del otro y de los otros. La respuesta a las preguntas que muchos nos hacemos acerca de la situación de México después del seis de julio, incumbe en primer término a los dirigentes de los partidos políticos. Una política de venganzas o la imposición de reformas que encontrarían un repudio en vastos sectores de la opinión pública [...] nos conducirían a lo más temible: a las disputas, las agitaciones, los desórdenes y, en fin, a la inestabilidad, madre de las dos gemelas, la anarquía y la fuerza. [...] Tan mala como la impunidad es la intolerancia. Lo que necesitamos para asegurar nuestro futuro es moderación, es decir, *prudencia*, la más alta de las virtudes políticas según los filósofos de la Antigüedad. México ha vivido siempre entre los extremos, la dictadura y la anarquía, la derecha y la izquierda, el clericalismo y el jacobinismo. Nos ha faltado casi siempre un centro y por eso nuestra historia ha sido un largo fracaso. La prudencia, natural enemiga de los extremos, es el puente del tránsito pacífico del autoritarismo a la democracia.

Dije que la política no había sido una pasión para Paz. No es cierto. La política fue la sombra permanente de sus

[21] "El poeta en su tierra", entrevista con Braulio Peralta, en *OC* 15: 389.

dos pasiones: la libertad y su aguijón, la crítica. Por ello a Octavio Paz tanto le apasionó la política, la maldita política.

EL AYER ES UNA PREGUNTA. LO QUE HA PASADO ES TAN INCIERTO como lo que no ha sucedido. La memoria, dice Paz, es un jardín de dudas, un camino de ecos, un espejo lodoso. Recordar es atender murmullos, sombras de pensamiento, rumores, fantasías y tachaduras.

> El tiempo no cesa de fluir,
>   el tiempo
>   no cesa de inventar,
>   el tiempo
>   no cesa de borrar sus invenciones,
>   no cesa
>   el manar de las apariciones.

En la cesta del pasado, Octavio Paz busca la higuera de su infancia, la Constitución de su país, el sentido del arte, el paso de las civilizaciones, la niñez de su amada, las variaciones de la poesía. La búsqueda de sí mismo y de los otros como una expedición por el tiempo. La memoria es la linterna que permite rastrear la tradición de la crítica o atrapar a los alacranes de la familia. Escribí memoria y no Historia porque en Paz parece desdoblarse el recuerdo en dos fórmulas enemigas. La memoria es pasado vivificado en imágenes; la Historia es pasado concluso. Dos formas de remembranza, la memoria y la historia, combaten: la poética contra la política del pasado. Si la Historia nos condena, la memoria nos salva.

Todos los ensayos de Paz están empapados de memoria. En cada uno de ellos hay una reflexión sobre el origen y la transformación de lo que observa: un cuadro, un poema, un imperio. Más que en sus ensayos, la imagen del demonio de la historia se dibuja con fuerza en su poesía, sobre todo en su poesía de madurez. Partamos de su distancia con Joyce: La historia no es una pesadilla.[22] No lo es porque no encuentra el consuelo del despertar. No podemos desprendernos de la historia pellizcándonos el brazo: existimos en ella y gracias a ella. Pero la historia puede ser, si no un sueño macabro, sí una horca de fierro. En eso se convierte cuando el curso del tiempo es detenido en los pozos de la ideología. Es por eso que Paz escribe en "Aunque es de noche": "Alma no tuvo Stalin: tuvo historia". Quien cree haber descifrado los secretos del pasado se adhiere pronto a la causa de la tiranía. La historia, dice unas líneas abajo en el mismo poema, es "discurso en un cuchillo congelado".

Su gran amigo, el poeta inglés Charles Tomlinson, escribió un poema que adopta la misma imagen: Stalin y sus sicarios, empuñando el piolet de la historia. Se trata de un poema que tiene precisamente un epígrafe de Paz y que el propio poeta mexicano ha traducido y comentado en un ensayo breve.[23]

> Yo golpeo. Yo soy el futuro y mi arma,
> al caer, lo convierte en *ahora*. Si el relámpago se helase,
> quedaría suspendido como este cuarto
> en la cresta de la ola del instante...
> y como si la ola jamás pudiese caer.

Soy el futuro; mi puñal instala el porvenir en el mundo. La historia se vuelve para el tirano un perfecto sustituto de

---

[22] Eso decía al recibir el Premio Tocqueville, en 1989. Cuarenta años antes, en *El laberinto de la soledad*, decía justamente lo contrario: "La historia tiene la realidad atroz de una pesadilla; la grandeza del hombre consiste en hacer obras hermosas y durables con la sustancia real de esa pesadilla. O dicho de otro modo, transfigurar la pesadilla en visión, liberarnos, así sea por un instante, de la realidad disforme por medio de la creación". (114)

[23] "El asesino y la eternidad", en *OC* 9: 104.

la conciencia. Ahí desembocan todas las teorías que sostienen la inevitabilidad histórica: en la eliminación de la responsabilidad individual. La operación intelectual ha sido descrita por Isaiah Berlin: si la historia ha sido convertida en lógica, la única sensatez consiste en adherirse a la razón victoriosa. Quienes estén de ese lado serán sabios; quienes se coloquen en frente serán los retrógradas que deben ser eliminados. Por eso decía el historiador de las ideas que, cuando se adopta la mecánica de la necesidad histórica, el juicio moral es un absurdo. Atila, Robespierre, Hitler, Stalin son terremotos: fuerzas naturales que tenían que irrumpir en la historia. Censurar sus crímenes es tanto como sermonear a las lechugas.[24]

Esta forma de capturar el pasado es la "trampa mortal en que cae fatalmente el fanático que cree poseer el secreto de la historia". El crimen adquiere entonces dignidad filosófica: el exterminio de una categoría de hombres es un deber de quienes han aprendido las lecciones del tiempo. El pasado se vuelve un manual de exterminio, un precedente del campo de concentración. Popper llamó historicismo a todo esto: el libreto revelado de la historia que convierte a muchos hombres en material de desecho.

Al propio Paz lo embriagó el alcohol de la historia:

> El bien, quisimos el bien:
> enderezar el mundo.
> No nos faltó entereza:
> nos faltó humildad.
> Lo que quisimos no lo quisimos con inocencia.
> Preceptos y conceptos,
> soberbia de teólogos:
> golpear con la cruz,
> fundar con sangre,

[24] Isaiah Berlin, "La inevitabilidad histórica", en *Cuatro ensayos sobre la libertad*, Madrid, Alianza Universidad, 1988.

levantar la casa con ladrillos de crimen,
decretar la comunión obligatoria.
      Algunos
se convirtieron en secretarios de los secretarios
del Secretario General del Infierno.
      La rabia
se volvió filósofa,
            su baba ha cubierto el planeta.
La razón descendió a la tierra,
tomó la forma del patíbulo
            —y la adoran millones.

Podría decirse que, junto con la preocupación por el
lenguaje, la poesía de Paz está marcada por una preocupación por la historia. La inquietud estuvo presente siempre,
pero se intensificó en la madurez del poeta. La historia y
con ella la política penetran la poesía de un hombre de ciudad, de un escritor que siempre quiso conversar con sus
semejantes: "He escrito sobre la historia y la historia en nuestro siglo asume la forma de la política. El 'destino' de los
antiguos tiene la máscara de la política en el siglo xx".[25] Y la
política del siglo xx es el cuento de un fracaso: Hitler, Stalin, Franco; dos guerras mundiales, totalitarismos, imperios,
terrorismo, bombas, dictaduras, genocidas. El recuento retrata a la historia como un sinsentido, una locura, un vacío:
"Ser tiempo es la condena. Nuestra pena es la historia".

      Todo lo que pensamos se deshace,
      en los Campos encarna la utopía,
      la historia es espiral sin desenlace.

Y sin embargo, en la historia que es demencia, crimen,
absurdo, está también la esperanza. Los contrarios, una vez

---

[25] "Conversar es humano", entrevista con Enrico Mario Santí, en *OC*
15: 545.

más, se besan. Así la historia aparece, ya no como coartada, sino como iluminación. Más que historia, memoria. Si la política de la historia pretende arrojar el pasado al territorio de la naturaleza, la poética de la memoria baña al pasado en las aguas de la imaginación. Ahí se revelan las relaciones ocultas entre las cosas. El historiador, dice Paz, ha de tener algo de científico y mucho de poeta. El hombre de ciencia va a la caza de leyes, de reglas que expliquen la reiteración. El poeta, por el contrario, se vuelca a lo único, a lo irrepetible. Por ello el oficio del historiador está entre un mundo y otro. Estudia lo irrepetible buscando la sábana que lo envuelve.

El historiador no descubre, no inventa: rehace el pasado. Bucear el pasado es otra manera de ejercer la crítica. No se trata de acercarse a nuestra historia para comprendernos, sino de aproximarse al pasado para liberarnos. En la crítica de la historia se despliegan las posibilidades de la libertad. Ésa fue su tarea cuando reconstruyó el pasado de México, ese país asfixiante que lo fascinó siempre. Buscar detrás de los hechos, ver detrás de los muros, detrás del gesto y sus máscaras. El poeta busca los símbolos con los que el tiempo y el espacio nos guiña el ojo. "La historia de México —escribe en su ensayo sobre sor Juana— es una historia a imagen y semejanza de su geografía: abrupta, anfractuosa. Cada periodo histórico es como una meseta encerrada entre altas montañas y separada de las otras por precipicios y despeñaderos."[26] Entre un siglo y otro: el abismo; una barranca entre una década y otra. La conquista se empeña en enterrar el mundo precolombino; la independencia y, sobre todo, el proyecto liberal triunfante pretenden romper con el universo católico de la Nueva España. Dos negaciones frustradas. A pesar de la quema de los ídolos y la destrucción de los códices, el mundo indio sobrevi-

---

[26] Octavio Paz, *Sor Juana Inés de la Cruz o Las trampas de la fe*, México, Fondo de Cultura Económica, 1982, p. 24.

vió. A pesar de las nuevas reglas y constituciones, el mundo novohispano sobrevivió. Las negaciones infructuosas.

El universo es un baúl de símbolos que la imaginación ha de exhumar. Cuando en *El laberinto de la soledad* Paz pretende reconstruir el sentido de la Conquista, cierra los ojos e imagina. No acude, como historiador de disciplina, al polvo de los documentos ni a la tinta seca de las cartas. Rompiendo todas las reglas de la historiografía, el poeta se coloca en el universo de Moctezuma e imagina su drama.

> ¿Por qué cede Moctezuma? ¿Por qué se siente extrañamente fascinado por los españoles y experimenta ante ellos un vértigo que no es exagerado llamar sagrado —el vértigo lúcido del suicida ante el abismo? Los dioses lo han abandonado. La gran traición con que comienza la historia de México no es la de los tlaxcaltecas, ni la de Moctezuma y su grupo sino la de los dioses. Ningún otro pueblo se ha sentido tan totalmente desamparado como se sintió la nación azteca ante los avisos, profecías y signos que anunciaron su caída.[27]

El párrafo indignará a los historiadores de diploma. No hay asomo de prueba o documento que sostenga las afirmaciones de Paz. ¿Vértigo del suicida? ¿Traición de los dioses? El poeta no pretende apresar la realidad histórica, busca evocar su imagen. Para entender el sentido de la imagen histórica hay que acudir a los escritos de Paz sobre la poesía. En primer término, las siluetas históricas que dibuja Paz expresan *su* experiencia de la historia: son auténticas. Para decirlo con dos títulos de un mismo poema, el *pasado en claro* es *tiempo adentro*.[28] En segundo lugar, estas imágenes encuentran una lógica en sí mismas: tienen la verdad de su propia existencia: la imagen "vale sólo dentro de su pro-

---

[27] *El laberinto de la soledad*, en *OC* 8: 107.
[28] Como cuenta Paz en sus cartas a Gimferrer, el primer título de *Pasado en claro* era precisamente *Tiempo adentro*.

pio universo". Por último, la imagen también habla del mundo y tiene un fundamento objetivo. La imagen poética de la historia es una forma legítima y poderosa de capturar la realidad. No es narración detallada de eventos, escenarios y desenlaces: es la presencia instantánea y total de un tiempo ido. Momentos comprimidos. La imagen tampoco se pierde en explicaciones. La reconstrucción de la historia no es nunca calca del pasado, es algo muy distinto: su re-creación.

La poesía convierte el pasado en presencia. Ésa es una de sus funciones como memoria de los pueblos. "La poesía exorciza el pasado; así vuelve habitable el presente." Cuando la historia es alumbrada por la poesía, todos los tiempos están en este ahora. "El poema es la casa de la presencia. Tejido de palabras hechas de aire, el poema es infinitamente frágil y, no obstante, infinitamente resistente. Es un perpetuo desafío a la pesantez de la historia."[29] Contra el plomo de la historia, el aire de la memoria.

EL 17 DE DICIEMBRE DE 1997 OCTAVIO PAZ APARECIÓ POR ÚLTIMA vez en público. Montado en una silla de ruedas salió al patio de la vieja Casa de Alvarado para encontrarse con la república que le rendía homenaje. A su alrededor, el presidente y sus ministros, empresarios y letrados. Adolorido por cada bocanada de aire, Paz recordaba a su abuelo y a Díaz Mirón. En un instante levantó la cabeza y miró el cielo de Coyoacán. Embrujando al auditorio que lo escuchaba, el poeta habló de sus amigos, de su infancia, de su mujer; de su deseo cuando niño de ser trompeta y no espada, de la generosidad, del misterio de las palabras, del sol y de las nubes de México, de la luz y de la oscuridad de su patria, de esa mezcla de destellos y negruras que siempre le intrigó. Ter-

[29] *OC* 1: 27.

minó con una petición: "Seamos dignos de las nubes y del sol del Valle de México". Gabriel Zaid recuerda esa mañana: "Era un día gris, pero empezó a hablar del sol, de la gratitud y de la gracia. Lo más conmovedor de todo fue que el sol, como llamado a la conversación, apareció". Es cierto. Estuve ahí.

Hasta su último aliento Paz hilvanó las sílabas de México tratando de descifrar el misterio de su sonido, buscando su forma, su alma. Desde antes de publicar *El laberinto de la soledad*, esa patria "castellana rayada de azteca" fue la idea fija de Paz. Nada de lo mexicano le fue ajeno. El ensayista escribe sobre la falda de Coatlicue y los villancicos de sor Juana; del chicozapote, la tortilla y el mole; medita sobre los retratos de Hermenegildo Bustos, los paisajes de Velasco, los frutos incandescentes de Tamayo. Jaguares, águilas, vírgenes, calacas. Paz acaricia la forma de México, viaja por su historia, interroga su geografía, desentraña los enredos de su vida pública. Cientos, miles de páginas que componen, diría él, un diario en busca de su país y de sí mismo: búsqueda de un lugar, búsqueda de sí mismo: el peregrino en su patria.[30] México es para él una pasión no siempre feliz, pero ante todo, una responsabilidad: interpretar el ser mexicano es hacer su historia. Zaid entiende bien este compromiso cuando lo observa entregado a un destino que "asume como deber: la historia que está pidiendo ser hecha":

> No es lo mismo escribir en un país que se da por hecho, en una cultura habitable sin la menor duda, en un proyecto de vida que puede acomodarse a inserciones sociales establecidas, sintiendo que la creación es parte de una carrera especializada; que escribir sintiendo la urgencia de crearlo o recrear-

---

[30] "Entrada retrospectiva", prólogo a *OC* 8: *El peregrino en su patria. Historia y política en México*, p. 16.

lo todo: el lenguaje, la cultura la vida, la propia inserción en la construcción nacional, todo lo que puede ser obra en el más amplio sentido creador.[31]

La tarea de Paz es ciertamente prometeica: abrazar todos los espacios de una cultura para volverla habitable, para activarla como conversadora en la cultura del mundo. La pregunta sobre México nunca abandonaría a Paz. A mitad del siglo, en *El laberinto de la soledad,* ese libro que fue interpretado como una "elegante mentada de madre", retrata al mexicano, un ser que se disfraza: "máscara el rostro y máscara la sonrisa". No *definía* al mexicano, excavaba su jeroglífico. Veinte años después escribía en *Postdata* que el mexicano no era una esencia sino una historia. En todo caso, México y sus pobladores seguían siendo el interrogante central. México, su historia, su geografía, su arte: sustantivos que encuentran verbo y predicado en el ensayo de Octavio Paz.

Ahí está, quizá, el higo menos fresco en la canasta paciana. A pesar de todas las advertencias que hace sobre el flujo de la historia y sus sorpresas; aun con su certeza de la desembocadura universal de nuestra provincia ("somos, por primera vez en nuestra historia, contemporáneos de todos los hombres"); con todo y su oposición temprana y enérgica al extravío nacionalista no dejó de juguetear con los artificios de la identidad. Anatomía imaginaria del ser nacional. En ningún lugar se observa con mayor claridad el gancho de ese anzuelo identitario que en el contraste que Paz hace constantemente entre México y los Estados Unidos. Entidades físicas antagónicas, especies biológicas que no pueden acoplarse, México y los Estados Unidos no se enraman: se enfrentan en sus ensayos.

[31] Gabriel Zaid, "Octavio Paz y la emancipación cultural", en *Ensayos sobre poesía, Obras* 2, México, El Colegio Nacional, 1993

Ellos son crédulos, nosotros creyentes; aman los cuentos de hadas y las historias policiacas, nosotros los mitos y las leyendas. Los mexicanos mienten por fantasía, por desesperación o para superar su vida sórdida; ellos no mienten, pero sustituyen la verdad verdadera, que es siempre desagradable, por una verdad social. Nos emborrachamos para confesarnos; ellos para olvidarse. Son optimistas; nosotros nihilistas —sólo que nuestro nihilismo no es intelectual, sino una reacción instintiva: por lo tanto es irrefutable. Los mexicanos son desconfiados; ellos abiertos. Nosotros somos tristes y sarcásticos; ellos alegres y humorísticos. Los norteamericanos quieren comprender; nosotros contemplar...[32]

Y más adelante: "La soledad del mexicano es la de las aguas estancadas, la del norteamericano es la del espejo". Por eso, cuando los mexicanos cruzan la frontera son gotas de agua en una pila de aceite. Todavía a finales de los años setenta, Paz insistía en la diferencia infranqueable entre los dos países. Dos versiones de Occidente. Cuando examina el camino de los vecinos a lo largo de los siglos, se acerca a una lectura frigorífica de la historia. La fundación de una sociedad aparece como destino: ellos hijos de la Reforma, nosotros descendientes de la Contrarreforma. Por eso afirma casi con orgullo que los mexicanos que emigran a los Estados Unidos son incapaces de adaptarse a la sociedad norteamericana: han guardado su identidad. Y hace de este modo una defensa francamente conservadora de la "resistencia" frente a lo ajeno: "nuestro país sobrevive gracias a su tradicionalismo".[33] La costumbre como sobrevivencia.

En esas líneas cautivadas por la matrona de la identidad el poeta desoía las razones de su admirado Jorge Cues-

[32] Es el capítulo sobre "El pachuco y otros extremos", de *El laberinto de la soledad,* en *OC* 8: 57.
[33] "El espejo indiscreto", en *OC* 8: 434.

ta. Paz lo conoció en San Ildefonso, en 1935. El joven se acercó al crítico y pronto se embarcó en una conversación que seguiría en un restorán alemán del centro de la ciudad de México. "Hablamos de Lawrence y de Huxley, es decir, de la pasión y de la razón; de Gide y de Malraux, es decir de la curiosidad y de la acción."[34] Esa conversación entre poetas no terminaría nunca.

Los retratos de Jorge Cuesta integran la galería de un misterio. Luis Cardoza y Aragón lo dibuja como un hombre feo al que asediaban las mujeres. Una especie de Picasso que tenía un ojo más arriba que el otro. Un tiburón jovial. Un relojero que desmontaba las piezas de un argumento para rearmarlas de tal modo que su lógica triunfase siempre. En algún momento Xavier Villaurrutia se siente obligado a dar testimonio de que el hombre existe porque hay quien lo duda. Se le cree sábana de mito, pero existe y tiene carne. Es un hombre que todo devora: filosofía, estética, ciencia, poesía. Todo lo atrae con la misma fuerza: todo le sirve para poner en juego la destreza de su ingenio. Salvador Novo lo describe como un muchacho genial y desequilibrado. Lo que tocan sus manos, decía Ermilo Abreu Gómez, se convierte en polvo, en ceniza. Todos lo muestran inteligentísimo, alto y delgado. Elías Nandino resalta sus manos largas y huesudas, su aura angelical y satánica en donde se reunían la inteligencia y la intuición, la magia y el microscopio. También nota su carácter indómito: bajo su imagen de ángel de madera se esconde una tempestad blasfema, un letal depósito de ironía. Un fantasma, un hombre ajeno a su cuerpo. Cuando hablaba, se le escuchaba, pero no se sabía de dónde venían sus palabras; parecía como si surgieran de los fantasmas del aire. Y Octavio Paz dibujó sus ojos de perpetuo asombro, su elegancia, su extraña fisonomía de inglés negroide. Un hombre que no se servía de la

---

[34] "Contemporáneos", en *OC* 4: 72.

inteligencia sino que servía a la inteligencia; un hombre poseído por el dios temible de la Razón, un hombre a quien le faltó sentido común, esa dosis de intuición, quizá de irracionalidad, que necesitamos para vivir.

Decía que Paz desoía al Cuesta que insistía que México necesitaba remar *contra* su pasado y combatir con dureza las estafas de los nacionalistas o los identitarios que, para el caso, son lo mismo. La identidad, cualquiera que sea su envoltura, nos encierra en una jaula. Ése fue el problema: Paz no dejó de interrogarse sobre el cuerpo que somos. Puede hablarse de la identidad desde el discurso de las razas, el diván del psicoanálisis o la imagen del mito poético. A fin de cuentas, el trofeo de sus pescas es una red que falsifica y detiene.

LA TARDE DE AQUEL 17 DE DICIEMBRE, CUANDO LOS POLÍTICOS Y magnates habían dejado la casa en Coyoacán que ocupaba Octavio Paz, el poeta se quedó un tiempo con su mujer y algunos amigos. Christopher Domínguez describe la escena. Entre los dolores de la enfermedad se asomaba de pronto la lucidez y el ingenio de siempre. Alguien le informó de la muerte de su amigo Claude Roy y soltó unas lágrimas.

> Entonces decidió hablar de la muerte. De su muerte. "Cuando me enteré de la gravedad de mi enfermedad —dijo— me di cuenta de que no podía tomar el camino sublime del cristianismo. No creo en la trascendencia. La idea de la extinción me tranquilizó. Seré ese vaso de agua que me estoy tomando. Seré materia."[35]

---

[35] "La muerte de Octavio Paz", en *La sabiduría sin promesa. Vidas y letras del siglo xx,* México, Joaquín Mortiz, 2001, p. 333.

La idiotez de lo perfecto se terminó de imprimir
en el mes de septiembre de 2006 en los talleres de Impresora
y Encuadernadora Progreso, S. A. de C. V. (IEPSA),
Calz. de San Lorenzo, 244; 09830 México, D. F.
En su tipografía, elaborada en el Departamento
de Integración Digital del FCE por *Juliana Avendaño López,*
se utilizaron tipos New Aster de 12, 10:13, 9:13 y 8:10 puntos.
La edición consta de 1 500 ejemplares.

OBRAS DE LOS AUTORES ESTUDIADOS EN ESTE LIBRO PUBLICADAS POR EL FCE

CARL SCHMITT
Carl Schmitt, teólogo de la política, antología
de Héctor Orestes Aguilar

MICHAEL OAKESHOTT
La política de la fe y la política del escepticismo
El racionalismo en la política y otros ensayos

NORBERTO BOBBIO
Estado, gobierno y sociedad: por una teoría
general de la política
El futuro de la democracia
Liberalismo y democracia
Ni con Marx ni contra Marx
Norberto Bobbio: el filósofo y la política,
antología de José F. Fernández Santillán
Perfil ideológico del siglo XX en Italia
La teoría de las formas de gobierno
en la historia del pensamiento político

ISAIAH BERLIN
Conceptos y categorías: ensayos filosóficos

Impresiones personales
Pensadores rusos
*La traición de la libertad. Seis enemigos
    de la libertad humana*

OCTAVIO PAZ
Obras completas, 15 volúmenes
*El arco y la lira. El poema, la revelación poética,
    poesía e historia*
La estación violenta
Itinerario
*El laberinto de la soledad, Postdata, Vuelta a
    "El laberinto de la soledad"*
Libertad bajo palabra. Obra poética (1935-1957)
Pasado en claro
Pequeña crónica de grandes días
Sor Juana Inés de la Cruz o Las trampas de la fe